Qualitative Schnellanalyse der Kationen und Anionen

Nach G. Charlot

Sechste, verbesserte Auflage

herausgegeben von

Dr. A. Köster-Pflugmacher

1976

Walter de Gruyter · Berlin · New York

SAMMLUNG GÖSCHEN 2605

Dr. A. *Köster-Pflugmacher*
Professorin im Institut für Anorganische Chemie
der Rhein.-Westf. Technischen Hochschule Aachen

Die „Qualitative Schnellanalyse der Kationen und Anionen“ ist aus einer lizensierten Übersetzung des im Verlag Dunod, Paris, erschienenen Buches G. Charlot, Analyse qualitative rapide des cations et des anions, 3. Auflage, Paris 1961, hervorgegangen. Die deutschsprachige Ausgabe wurde weitergeführt, verbessert und ergänzt bis zur jetzt vorliegenden 6. Auflage.

CIP-Kurztitelaufnahme der Deutschen Bibliothek

Köster-Pflugmacher, Annelore

Qualitative Schnellanalyse der Kationen und Anionen nach G. Charlot. Hrsg. von A. Köster-Pflugmacher.
(Sammlung Göschen, Bd. 2605)
ISBN 3-11-004795-0
NE: Charlot, Gaston Begr.

Vorbemerkung

In die vorliegende 6. Auflage der qualitativen Schnellanalyse wurden auf mehrfachen Wunsch hin die Nachweise für Selen und Tellur neu aufgenommen. Die Analysenvorschriften hierfür wurden von Herrn Stefan Pomper ausgearbeitet, dem ich an dieser Stelle meinen herzlichen Dank ausspreche.

Grundsätzlich brauchte am Aufbau des Werkes nichts geändert zu werden, da es sich in der Praxis gut bewährt hat. Trotz aller modernen physikalisch-chemischen Untersuchungsmethoden behält die Naßanalyse, vor allem in Form der „Schnellanalyse", ihren Platz. Mit wenig Zeitaufwand und unter Einsatz geringer finanzieller Mittel erbringt sie schnelle und zuverlässige Resultate.

Möge sie auch in der erweiterten 6. Auflage den Studenten und den infrage kommenden Laboratorien eine geeignete Hilfe sein!

Aachen, Januar 1976

Annelore Köster-Pflugmacher

Inhalt

ERSTER TEIL

Qualitative Analyse der Kationen

ZWEITER TEIL

Qualitative Analyse der Anionen

EINFÜHRUNG

Die Methoden der „Qualitativen Schnellanalyse" basieren auf der Empfindlichkeit und Spezifität qualitativer Reaktionen, wie sie im Laufe der letzten Jahrzehnte analytischer Forschung gefunden wurden. Aus ihrer großen Zahl wurden diejenigen ausgewählt, welche in bezug auf beide Eigenschaften Höchstwerte besitzen, so daß es möglich ist, jedes Metallkation und Säureanion in Gegenwart von größeren Mengen irgendeines anderen oder der Gesamtheit der anderen festzustellen. Es darf maximal ein 100- bis 1000-facher Überschuß an Fremdionen anwesend sein. Die Methoden befassen sich also mit Elementen, welche zu 100 bis 1 bzw. 0,1% in der festen Ausgangsform vorhanden sind. Dabei ist die Konzentration der gesamten Metall- und Nichtmetall-Ionen einer zur Analyse vorzubereitenden Lösung im allgemeinen von der Größenordnung 10000 μg/ml, so daß die Empfindlichkeit der zu charakterisierenden Ionen von 10000 bis zu 100 bzw. 10 μg/ml schwanken kann.

Die sog. Spurensuche wird damit ausgeschlossen.
Bei mangelnder Spezifität müssen die störenden Ionen ausgeschaltet werden. Dies gelingt durch die Bildung von Komplexen, die Festlegung des pH-Wertes, der Redox-Stufe und durch die Wirkung organischer Lösungsmittel.

Überempfindliche Reaktionen wurden vermieden, da sie vielfach die Sicherheit der Reaktion vermindern.

Trennungsreaktionen werden nach Möglichkeit vermieden, denn diese führen, besonders in den Fällen von Niederschlagsbildungen, fast immer zu Verlusten kleiner Mengen anderer Elemente. Es ist dies eine der größten Schwächen der klassischen Methode. Wo aber Trennungsoperationen nicht umgangen werden können, müssen sie soweit wie möglich quantitativ gestaltet werden.

Es empfiehlt sich, vor der Durchführung der Einzelnachweise Gruppenreaktionen vorzunehmen, welche es gestatten, auf die Abwesenheit einer ganzen Gruppe von Elementen zu schließen, um auf diese Weise Zeit zu gewinnen.

Vorteile der Methode

Gegenüber dem gebräuchlichen systematischen Analysengang besitzt die neue Methode folgende Vorteile:

1. die notwendige Flüssigkeitsmenge ist sehr gering, fast alle Nachweise vollziehen sich an einem Tropfen der Lösung,

2. der Reagenzverbrauch ist gleich gering,

3. die Zahl der Fällungen ist klein; nur selten muß der Niederschlag ausgewaschen, er kann zumeist verworfen werden,

4. die Verwendung von Schwefelwasserstoff unterbleibt. (Ausnahme bei der Bestimmung der Uranylionen.)

5. die verschiedenen Nachweisreaktionen sind unabhängig voneinander, so daß man im Zweifelsfalle, ausgehend von der ursprünglichen Lösung, jede Reaktion wiederholen kann. Diese Faktoren bewirken, daß das Verfahren sehr schnell ist. Die vollständige Analyse kann ohne besondere Schulung in zwei Stunden durchgeführt werden, bei einiger Übung auch in einer Stunde oder weniger. Es empfiehlt sich aber nicht, ohne allgemeine analytische Ausbildung an das Verfahren heranzutreten.

6. Die Methode ist nicht so zwangsläufig wie der Trennungsgang, da die Mehrzahl der Reaktionen voneinander unabhängig sind und somit neue eingefügt werden können. Sie ist also durchaus entwicklungsfähig. Jeder Analytiker kann z. B. in besonderen Fällen ein

geeignetes Reagenz einfügen, wenn er die notwendigen allgemein chemischen Kenntnisse besitzt. Ist die Methode einmal gut bekannt und eingeführt, so kann sie für die besonderen Probleme jedes Laboratoriums ohne große Vorbereitungen auch Hilfskräften überlassen werden.

Durchführung der Methode

Die Mehrzahl der Versuche wird mit einem oder mehreren Tropfen der Lösung vollzogen, und zwar entweder in Spitzröhrchen bzw. kleinen Reagenzgläsern, kleinen Tiegeln, auf einer Porzellanplatte, der Tüpfelplatte oder auf einem gehärteten Filter. Die Probetropfen werden mit Hilfe von Pipetten mit feiner Spitze entnommen. Bei einigen Reaktionen ist es notwendig, Fluoreszenzerscheinungen mit Hilfe von UV-Licht als Nachweis zu benutzen. Die Abtrennung der Lösungen von ihren Niederschlägen erfolgt zumeist mit Hilfe einer kleinen Zentrifuge. Bezüglich der sonstigen Geräte sei auf S. 5 verwiesen.

Im Text verwendete Abkürzungen zur Einführung

Die Empfindlichkeit bzw. Grenzkonzentration jeder Reaktion wird in Mikrogrammen (Millionstelgrammen) je Milliliter (μg/ml) angegeben. Die Konzentrationen der Reagenzien werden in Normalitäten (N) angeführt, also der Anzahl Grammäquivalente je Liter oder in Molaritäten (M), also Anzahl Grammoleküle je Liter. Z.B. N HCl, M H_3PO_4 usw. Diesen Angaben folgt in Klammer der Grad der Verdünnung, ausgehend von der handelsüblichen Lösung des Reagenzes; z.B. 9N H_2SO_4 ($^1/_4$) bedeutet, daß die konzentrierte Schwefelsäure des Handels auf den vierten Teil ihres Gehaltes verdünnt werden soll, d.h. auf ein Volumteil mit drei Volumteilen Wasser. Die Verdünnungen der Natronlauge, des Ammoniaks, der Salzsäure und der Schwefelsäure werden, ausgehend von den folgenden Werten der Dichte und der Normalität der Handelslösungen, berechnet:

	Dichte	Normalität *)
NaOH	1,33	10
NH_3	0,92	15
HCl	1,19	12
H_2SO_4	1,84	36

*) S. auch Küster-Thiel-Fischbeck, Logarithmische Rechentafeln 101. Auflage 1972; (Walter de Gruyter & Co.) Berlin.

ARBEITSWEISE UND GERÄTE

Die Mehrzahl der Reaktionen wird an Tropfen der Lösungen ausgeführt, sei es in Spitzröhrchen, sei es in kleinen Reagenzgläsern, sei es auf der Tüpfel- oder Porzellanplatte oder auf gehärtetem Filtrierpapier.

Die Abtrennung von Niederschlägen erfolgt im allgemeinen durch Zentrifugieren.

Die Entnahme der Lösungen geschieht durch Pipetten mit feiner Spitze (s. Geräte).

Bei einigen Reaktionen wird die Erscheinung der Fluoreszenz

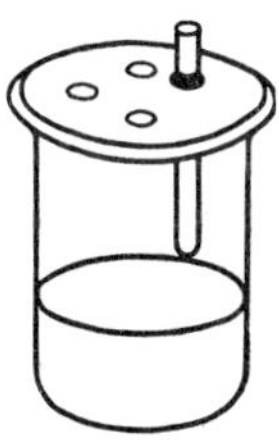

Abb. 1
Maßstab etwa $^1/_5$

Abb. 2
etwa $^1/_1$

Abb. 3
etwa $^1/_1$

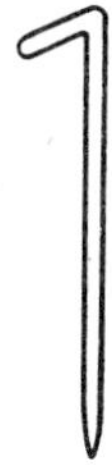

Abb. 4
etwa $^1/_3$

Abb. 5
etwa $^1/_3$

verwendet; man benötigt also eine ultraviolette Lichtquelle; sie wird aber nur da empfohlen, wo nur sie die Sicherheit des Versuchs gewährleistet.

Die Geräte. Man benötigt folgende Geräte:

Mikropipetten, versehen mit einem Gummifingerling, Tropfengröße 0,03 ml.

Glasrührer mit ausgezogener Spitze (Abb. 4),

Tüpfelplatten aus weißem oder schwarzem Porzellan,

Spitzröhrchen von 2 bis 3 ml, oder statt dessen Reagenzgläser von 2 bis 3 ml (Durchmesser 8 mm) (Abb. 3),

Zentrifuge, kleine Größe mit Hand- oder Motorantrieb; in ihren Röhren befestigt man die Spitzröhrchen bzw. Reagenzgläser mittels Kork- oder Gummiringen,

Anordnung für Gasreaktionen (Abb. 2),

Reagenzflaschen von 15 bis 30 ml, versehen mit Tropfpipetten mit biegsamen Gummifingerlingen, Tropfengröße 0,03 ml, oder Tropfenzählflaschen aus Polyäthylen,

Glasspatel für feste Teilchen, bestehend aus einem Glasstab mit abgeplattetem Ende (Abb. 5),
gehärtetes Filtrierpapier,
kleines Wasserbad (Abb. 1),

3 Becher, um in ihnen die Pipetten und Glasstäbe nacheinander zu spülen. Volumen 400 ml.

1 Mikroabdampfschale von etwa 25 mm Durchmesser mit flachem Boden.

1 Mikrotiegel

Die benötigten Geräte können von der Fa. L. Mohren, Aachen, Weststraße bezogen werden.

DIE NOTWENDIGEN ORGANISCHEN REAGENZIEN

Aceton
ÄDTA
  (Dinatriumsalz der Äthylendiamintetraessigsäure)
Äthylacetat
Äthylalkohol, (Äthanol)
Alizarin S
Aluminon
  (Ammoniumsalz der Aurintricarbonsäure)
α-Benzoinoxim
Benzol
Benzylalkohol
Brenzcatechinviolett
Chinalizarin
Chloroform
Cinchoniumchlorid
p-Dimethylaminoazophenylarsonsäure
  (4-Dimethylamino-azobenzol-4-arsonsäure)
Dimethylglyoxim
Diphenylamin
Dithizon
Essigsäureäthylester
Fluorescein
Fuchsin
Glyoxal- bis-(2-hydroxyanil)
Indigocarmin
Kupferron
Methylenblau
Methylisobutylketon
Methylorange
Morin
α-Naphthylamin
Natrium-diäthyldithiocarbaminat
N^1, N^1-Dimethyl-N^2-Salicyliden-p-phenylendiamin
8-Oxychinolin
  (Oxin)
o-Phenanthrolin
N-Phenyl-anthranilsäure
(Diphenylamin-2-carbonsäure)
Rhodamin B
Säurechromblau 2 R (Bayer)
Sulfanilsäure
Tetrachlorkohlenstoff
Thiazolgelb
Thioharnstoff
o-Toluidin

Die überwiegende Mehrzahl dieser Reagenzien ist bei den deutschen chemischen Fabriken, so bei E. MERCK, Darmstadt, und RIEDEL-DE HAËN, Hannover, erhältlich.
Das äthylendiamintetraessigsaure Na führt MERCK als Titriplex III, RIEDEL DE HAËN als Idranal III.

ERSTER TEIL

QUALITATIVE ANALYSE DER KATIONEN, DER SELEN- UND TELLURVERBINDUNGEN UND DER PHOSPHATE

Bereitung der Lösung zur Analyse

Wie auch beim Trennungsgang setzt die Durchführung der Analyse eine Lösung der Analysensubstanz voraus, so daß eine Probelösung vorliegt, und zwar von bestimmter Acidität und bestimmter Redox-Stufe. Außerdem muß sie von folgenden Bestandteilen befreit sein:

1. den Ionen wenig löslicher Chloride, insbesondere des Ag^{+} und Hg_2^{2+}, welche nach der klassischen Methode erkannt werden (s. auch S. 79 u. folgende),

2. der Mehrzahl der Anionen und der starken Oxydantien. Dies geschieht durch Konzentrieren der salzsauren Lösung unter den üblichen Vorsichtsmaßnahmen. Mußte also zur Lösung der Analysenprobe HNO_3 verwendet werden, so ist diese durch Eindampfen der salzsauren Lösung zu beseitigen. Es verbleiben nur: Chlorid, Sulfat, Perchlorat, Phosphat und Borat,

3. den komplexierenden Ionen F^{-}, $C_2O_4^{2-}$ u. a. m. Dies erfolgt nach den üblichen Methoden, siehe dazu die einschlägigen Lehrbücher der analytischen Chemie z. B. G. JANDER u. E. BLASIUS, Stuttgart 1973 oder wie folgt:

Ausführung

Füge zur Lösung einen Überschuß an Salzsäure und dampfe in einem Pyrexglas auf dem Wasserbad zur Trockne. Der Rückstand wird mit ein wenig konzentrierter Salzsäure durchfeuchtet und erneut zur Trockne eingedampft. Hierdurch wird die Kieselsäure unlöslich gemacht, und man zerstört oder verflüchtigt die folgenden Säuren: $HClO$, $HClO_3$, HBr, $HBrO$, $HBrO_3$, HF, HJ, H_2S, H_2SO_3, $H_2S_2O_4$, $H_2S_2O_8$, HNO_3, H_2CO_3, HCN, $HSCN$. Ferner zersetzt man dadurch die folgenden starken Oxidantien: MnO_4^-, $Cr_2O_7^{2-}$, SeO_4^{2-}, TeO_4^{2-}. Die flüchtigen Chloride, wie $AsCl_3$, $SbCl_3$, $HgCl_2$, wie auch H_2SeO_3, können durch diese Operation teilweise oder ganz verlorengehen. Die entsprechenden Elemente müssen daher in einem besonderen Teil der Lösung gesucht werden, der nicht der salzsauren Eindampfung unterzogen wurde. Die Flüchtigkeit der selenigen Säure läßt sich auf 10% Verlust zurückdrängen, wenn man vor dem Eindampfen mit konz. Salzsäure etwa 0,5 g Kaliumchlorid hinzufügt. Diese Lösung ist dann nicht mehr zum Nachweis des Kaliums geeignet.

Sind Oxalate oder andere organische Stoffe zugegen, so zerstört man sie durch Eindampfen des eingetrockneten Rückstandes auf dem Sandbad. Hierbei kann man ebenfalls flüchtige Bestandteile verlieren oder unlösliche Oxide erzeugen. Besser noch behandelt man den Rückstand auf dem Wasserbad solange mit Salpetersäure, wie nitrose Dämpfe entweichen. Dann vertreibt man die Salpetersäure durch zweimaliges Abrauchen mit Salzsäure bis zur Trockne. Der Rückstand wird dann in 2N HCl wieder gelöst. Bleibt ein unlöslicher Rückstand, so wird er abfiltriert.

A. Der unlösliche Rückstand

Er kann enthalten:

a) Kieselsäure;

b) unlösliche Chloride ($AgCl$, Hg_2Cl_2, $PbCl_2$, $TlCl$). Die zugehörigen Metalle werden gemäß S. 75 charakterisiert;

c) Wolframsäure, es sei denn, daß Phosphorsäure-Ionen in der Lösung vorhanden sind und jene als Komplexe gelöst halten;

d) Oxide des Niobs, Tantals, Titans, Zirkons, die ganz oder teilweise ungelöst bleiben;

e) basische Salze des Wismuts oder des Antimons, die in 4N-HCl löslich sind.

B. Die Lösung

Sie kann jetzt nur noch die folgenden Anionen enthalten: Chlorid-, Sulfat-, Perchlorat-, Phosphat- und Borat-Ionen. War ursprünglich viel Fluorid vorhanden, so vergewissere man sich, daß es völlig beseitigt wurde, da es mehrere Reaktionen stark stört. Bezüglich des Fluorid-Nachweises S. 97.
Die Lösung wird dann neutralisiert bis zum Beginn einer Fällung; ihre Säurekonzentration sei maximal 2,5N HCl. Die Lösung enthalte 10000 μg/ml, entsprechend 0,1 g der Substanz in 10 ml. Die Einhaltung dieser beiden Bedingungen ist wichtig. Ferner sind die Ausführungsanweisungen, wie sie unten im einzelnen angegeben werden, zu beachten, wie auch die Reihenfolge der einzelnen Operationen.

Prüfung auf starke Reduktionsmittel

ZINN Sn(II)

Methylenblau

Reaktion

Eine Lösung von Methylenblau wird in 1N HCl durch genügend starke Reduktoren zu einer farblosen Lösung der Leukoverbindung reduziert.

Reagenz

Methylenblaulösung, enthaltend 0,1 g in 1 Liter 1N HCl ($^1/_{10}$).

Ausführung

Man bringt einen Tropfen des Reagenzes auf eine Tüpfelplatte und dazu einen Tropfen der Probelösung. Warten! Eine Entfärbung zeigt die Anwesenheit eines starken Reduktors an, insbesondere Sn (II). Man kann mit einer Blindprobe vergleichen: Ein Tropfen Reagenz und ein Tropfen Wasser.

Empfindlichkeit

Neben der Blindprobe beträgt die Grenzkonzentration 40 μg/ml. Bei dieser ist der Farbwechsel erst nach 5 Minuten zu sehen.

Störungen

Das Methylenblau als Redox-Indikator wird von zahlreichen Ionen reduziert: Ti (III), Cr (II), V (II), Sn (II) usw. Liegt eine Lösung vor, die gegen Luftsauerstoff nicht geschützt war, so können im allgemeinen nur anwesend sein: Sn (II), V (IV), Fe (II), U (IV); die Reaktion ist dann für Sn (II) spezifisch.
Gefärbte Ionen können die Empfindlichkeit verringern, so erhöht Cr (III) in der Konzentration von 5000 μg/ml die Grenzkonzentration auf 300 μg/ml.

Bemerkungen

In Gegenwart von Sn (II) können einige Elemente nicht in ihrer höheren Oxidationsstufe existieren, diese sind: Fe, As, Sb, V, Re, Mo, W und U.
Enthält die Lösung starke Reduktoren, wie vor allen Dingen Sn (II), so oxydiert man vor Beginn der Analyse mit ein wenig Bromwasser, dessen Überschuß man durch Erwärmen vertreibt. Fe, Sn, As, Sb, V, Re, Mo, W und U gehen dann in ihre höheren Oxidationsstufen über. Es kann aber auch NH_4^+ oxidiert werden!

Vorprüfungen

Diese schnell durchführbaren Versuche gestatten es in gewissen Fällen, die Abwesenheit von Gruppen von Ionen vorauszusagen, wodurch die Analyse erheblich vereinfacht wird.

1. Fällung mit Ammoniak und darauf mit Natriumsulfid

Reagenz

6 N Ammoniak ($^1/_2$)
Natriumsulfid, gesättigte Lösung, etwa 60 g Na_2S/100 ml Lösung.

Ausführung

a) Zu einem Tropfen der Probelösung in einem Spitzröhrchen füge man einen Tropfen Ammoniak.

Einige Hydroxide, mitunter auch Phosphate und Arsenate, können ausfallen; die Fällungen sind aber wenig empfindlich (100 bis 1000 μg/ml) Fällt nichts aus, so läßt dies auf die Abwesenheit beträchtlicher Mengen folgender Ionen schließen: Be(II), weiß (100 μg/ml); Hg(II), weiß (400); Al(III), weiß (800); Ti(IV), weiß (500); Zr(IV), weiß (500); Th(IV), weiß (1000); Ce(III), weiß, wird an der Luft gelb (700); seltene Erden; Sb(III), weiß (600); Bi(III), weiß (1000); Cr(III), grün bis violett (2000); U(VI), gelb (2000); Fe(III), rostbraun (300); Fe(II), grün bis rostbraun (300); Mn(II) fällt allmählich, an der Luft braun (1000); Sn (IV), weiß (10000); Tl (III), rotbraun; Cu (II) und Ni (II) geben mit einem Überschuß an Ammoniak eine blaue Lösung, (400) für Cu (II) und (5000) für Ni (II). Zentrifugieren

b) Darauf gebe man einen Tropfen Sulfid hinzu. Es erscheinen die wenig löslichen Sulfide, von denen die schwarzen empfindliche Färbungen hervorrufen:
Schwarze Sulfide: Hg (II), löslich in einem Überschuß des Sulfids; Bi (III) (100); Fe (III) und Fe (II) (60); Cu (II) (60); Ni (II) und Co (II) (30); Pb (II) (100); Tl (III) (20).
Andersfarbige Sulfide: U (VI), braun; Zn (II), weiß; Cd (II), gelb; Ga (III), weiß; Mn (II), rosa; In (III), gelb.
Die edleren Metalle, Se (IV), Te (IV) geben gefärbte Fällungen.
Die Hydroxide des Ti (IV), Zr (IV), Th (IV), der seltenen Erden und des Cr (III) bleiben unverändert.

2. Fällung durch Ammoniak in Gegenwart von ÄDTA

Unter diesen Bedingungen sind zahlreiche Ionen komplexiert. Es entstehen Niederschläge nur noch von Sb (III), Be (II), Cr (III) und Sn (IV).
Fällt kein Niederschlag, so sind bemerkenswerte Mengen dieser Elemente nicht vorhanden.

Reagenzien

10%ige Lösung von ÄDTA (Dinatriumsalz der Äthylendiamintetraessigsäure)

Pufferlösung: Konz. Ammoniak, 40 ml,
Ammoniumchlorid, 20 g,
Wasser, 80 ml.

Ausführung

In einem Spitzröhrchen fügt man zu einem Tropfen der Lösung zwei Tropfen der ÄDTA-Lösung. Man beläßt 5—10 Sekunden auf dem Wasserbad und gibt nun drei Tropfen Pufferlösung hinzu.

Empfindlichkeit

Sb (III) 2000 μg/ml, Be (II) 500 μg/ml, Cr (III) 5000 μg/ml, Sn (IV) 1000 μg/ml.

3. Fällung mit Kupferron

Die Fällung erfolgt in etwa 1,5N HCl-Lösung.

Reagenzien

Kupferron 6 g/100 ml, frisch bereitete wäßrige Lösung, 4N HCl ($^1/_3$)

Ausführung

Man gebe zu einem Tropfen der Probelösung in einem Spitzröhrchen einen Tropfen der Säure, darauf einen Tropfen des Reagenzes und warte 30 Sekunden.

Empfindlichkeit

Es fallen: Sn (IV) (10 μg/ml); Zr (IV) (10); Fe (III) (10); V (V) (20); Mo (VI) (30); Ga (III) (40); Ti (IV) (30); Bi (III) (100); W (VI) (1000).

Beim Ausbleiben einer Fällung sind diese Ionen in niederer Konzentration vorhanden als oben angegeben.

4. Fällung durch α-Benzoinoxim. — (s. S. 34).

5. Fällung durch Ammoniumsulfat. — (s. S. 73).

6. Fällung durch Natronlauge — (s. S. 15 u. 45).

Einzelprüfungen

AMMONIUM NH_4^+

Nessler's Reagenz

Reaktion

Durch Erwärmen im alkalischen Medium wird NH_3 freigesetzt, welches mit dem Reagenz eine orange Färbung oder Fällung erzeugt.

Reagenzien

4N Natronlauge ($^2/_5$)
Nessler's Reagenz: 3,5 g Kaliumjodid,
1,3 g Quecksilber(II)-chlorid,
70 ml Wasser,
30 ml Natronlauge.

Ausführung

In ein Reagenzglas gibt man einen Tropfen der auf das 5- bis 10fache verdünnten Probelösung und drei Tropfen der 4N Lauge. Nahe über diese Lösung führt man ein engeres Rohr, dessen Bodenrundung mit einem Tropfen des Reagenzes befeuchtet wird (s. Figur 2 S. 5). Das Ganze wird im Wasserbad erwärmt.

Empfindlichkeit

Grenzkonzentration: 1 μg/ml.

Störungen

Die Reaktion ist spezifisch.

Bemerkungen zur Fällung mit Natronlauge. Die Zugabe überschüssiger Lauge führt zur Fällung von Hydroxiden bzw. Oxiden, und zwar: Bi (III), weiß, wird beim Erwärmen gelb; Cd (II), weiß; Ce (III), weiß, wird an der Luft gelb; seltene Erden; Cr (III), grüne Lösung, die beim Kochen grau ausflockt; Co (II), blau, wird beim Erwärmen rosa; Cu (II), blau, schwärzt sich beim Erwärmen; Fe (II), grün bis rostbraun; Fe (III), rostbraun; In (III), weiß; Mg(II), weiß; Mn(II), weiß, bräunt sich an der Luft; Hg(II), gelb; Ni(II), grün; Tl(III), rotbraun; Th(IV), weiß; Ti(IV), weiß; Zr(IV), weiß. Die edleren Metalle (Au, Pt, Ir, Os, Pd, Rh, Ru) geben gefärbte Fällungen. Die weißen Hydroxide des Be (II) und des Sn (IV) können beim Kochen ausfallen, die Phosphate und Arsenate ebenfalls.

Alle diese Fällungen sind wenig empfindlich (100 bis 1000 μg/ml). Beim Ausbleiben von Niederschlägen kann man im allgemeinen auf die Abwesenheit größerer Mengen dieser Elemente schließen.

EISEN Fe(II), (EISEN (III) Fe(III))

Ortho-Phenanthrolin

Reaktion

Das genannte Reagenz gibt mit Fe (II)-Ionen einen sehr beständigen roten Komplex.

Reagenz

20 g o-Phenanthrolin-Hydrochlorid in 1 Liter Wasser oder
20 g o-Phenanthrolin-Monohydrat in 1 Liter Äthanol.

Ausführung

Man füge zu einem Tropfen der Probelösung auf einer Tüpfelplatte einen Tropfen des Reagenzes.

Empfindlichkeit

Grenzkonzentration: 0,5 μg/ml.
Bei Abwesenheit von Ionen, welche die Empfindlichkeit verringern, empfiehlt es sich, die Probelösung auf das 10fache ihres Volumens zu verdünnen.

Störungen

Die Reaktion ist praktisch spezifisch.

Die Eigenfarbe anderer Ionen kann stören, wenn sie in hoher Konzentration vorliegen; durch Verdünnen der Probelösung vor dem

Versuch vermeidet man im allgemeinen diese Störung. Fe (III) kann durch Zugabe von wenig festem NaF komplexiert werden. Dieses muß geschehen bei Gegenwart von Co (II), welches sonst Fe (III) in Gegenwart des Reagenzes reduziert.

Zahlreiche Ionen verbrauchen ebenfalls von dem Reagenz auf eigene Rechnung; dann ist ein Überschuß des Reagenzes zuzugeben.

Um Fe (II) bis zu Spuren in einer Lösung nachzuweisen, ist die folgende Anzahl Tropfen des Reagenzes zu verwenden, wenn in ihr außerdem noch vorhanden sind die folgenden Metalle in der Konzentration von 10000 μg/ml:

Cu (II) oder Zn (II)	10 Tropfen
Cd (II)	4 ,,
Ni (II), Co (II), Sb (III)	2 ,,

Nur Co (II) und Cu (II) verringern die Empfindlichkeit, dabei bildet Co (II) einen orangen Komplex, welcher die Grenzkonzentration auf 300 μg/ml erhöht, und Cu (II) einen blauen Komplex, der die Grenzkonzentration auf 60 μg/ml erhöht. Dies vorausgesetzt, daß in beiden Fällen die Konzentration des Cu bzw. Co 10000 μg/ml beträgt. Vergleicht man aber mit einer Lösung von Co — oder von Cu — der gleichen Konzentration, so beträgt die Grenzkonzentration nahe 10 μg/ml.

ClO_4^- fällt ein rotes o-Phenanthrolin-Eisensalz.

Iridium fällt einen zinnoberfarbenen Niederschlag.

Nachweis von Fe (III)

Nach Zugabe eines Tropfens Hydrogensulfit, welches Eisen (III) reduziert, kann die Reaktion auch zu dessen Nachweis verwendet werden.

Bemerkung

Verfügt man nicht über das genannte Reagenz, so kann Fe (II) auch mit Hilfe von Dimethylglyoxim nachgewiesen werden (S. 41).

VANADIN V(IV) und V(V) – TITAN Ti(IV)

Wasserstoffperoxid

Reaktion

Die Ionen des Vanadins und Titans geben in saurer Lösung mit Wasserstoffperoxid orangegefärbte Komplexe.

Reagenzien

H_2O_2 (0,5 M ≙ etwa 3%), 4N HCl (1/3).

Ausführung

Man fügt zu einem Tropfen der Probelösung auf einer Tüpfelplatte einen Tropfen Salzsäure und einen Tropfen Peroxid. Falls auf V (IV) geprüft wird, warte man 30 Sekunden. Das Ausbleiben einer Färbung zeigt die Abwesenheit von Vanadin und Titan an.

Empfindlichkeit

Grenzkonzentration des Vanadins: 50 μg/ml, des Titans: 30 μg/ml.

Störungen

Eine große Zahl von Ionen gibt ähnliche Färbungen, doch ist sie bei der Mehrzahl derselben schwach und wenig störend, so bei Mo (VI), W (VI), Nb (V) u.a.m.

Die Färbung von Fe (III) oder die von Fe (II) ausgehende kann durch vorherigen Zusatz von H_3PO_4 behoben werden.

Nachweis von Vanadin neben Titan. Bei der Ausführung obiger Reaktion in Gegenwart einer begrenzten Menge von Fluorionen bildet sich nur der Vanadinkomplex.

Reagenzien

Wasserstoffperoxid (0,5 M ≙ etwa 3%)
4N HCl (1/3)
NaF, gesättigte Lösung (etwa 3%ig).

Ausführung

Auf einer Tüpfelplatte füge man zu einem Tropfen der Probelösung einen Tropfen Säure und drei Tropfen Fluoridlösung, rühre gut um und gebe einen Tropfen H_2O_2 hinzu.

Empfindlichkeit

Grenzkonzentration: 300 μg/ml.

Nachweis von Titan neben Vanadin. Titan kann in verdünnten Lösungen einer starken Säure als Arsenat in Gegenwart von Zirkon (IV) gefällt werden, wobei letzteres diese Fällung induziert. Man trennt auf diese Weise von allen störenden Ionen ab und kann dann mit dem Niederschlag die Peroxidreaktion durchführen.

Reagenzien

Zirconiumoxidchlorid, titanfrei, zu 1% in 1N HCl ($^1/_{10}$) gelöst,
Arsensäure in 20%iger Lösung, 18 g $3As_2O_5 \cdot 5H_2O$/100 ml,
4N HCl ($^1/_3$),
4N H_2SO_4 ($^1/_{10}$),
NaF, gesättigte Lösung (etwa 3%ig).

Ausführung

Zu fünf Tropfen der Probelösung füge einen Tropfen 4N HCl, dann einen Tropfen Arsensäure und einen Tropfen der Zirconiumoxidchloridlösung, erhitze zum Sieden und zentrifugiere. Man wasche zweimal durch Zentrifugieren mit je zwei Tropfen Wasser, einem Tropfen 4N HCl und einem Tropfen Arsensäure. Den Niederschlag nehme man mit einem Tropfen 4N H_2SO_4 auf, führe mit einer Pipette auf eine Tüpfelplatte über und gebe einen Tropfen H_2O_2 hinzu. Eine orange Färbung, die durch Zusatz von vier Tropfen Fluorid verschwindet, zeigt Titan an.

MANGAN Mn (II) – CER Ce (III)

Oxydation mit Peroxodisulfat in saurer Lösung

Reaktion

Die Mangansalze werden in saurer Lösung durch Peroxodisulfat bei Gegenwart von Ag^+ zu Permanganat oxidiert, Cer (III)-salze gehen unter den gleichen Bedingungen in Cer (IV)-salze über.

Reagenzien

Festes Ammoniumperoxodisulfat,
Silbernitratlösung, 250 g/l,
Salpetersäure.

Mangan-Nachweis

Ausführung

Zu einem Tropfen der Probelösung in einem Spitzröhrchen füge man so viel $AgNO_3$, daß alles Cl^- gefällt wird. Zwei Tropfen genügen im allgemeinen. Dann gebe man einen Tropfen Salpetersäure hinzu und einen Kristall Peroxodisulfat. Man erwärme im Wasserbad.

Bei Anwesenheit von Mangan erscheint eine violette Färbung, welche dem gebildeten Permanganat entspricht.

Empfindlichkeit

Grenzkonzentration: 3 μg/ml.

Bei Abwesenheit von Ionen, welche die Empfindlichkeit verringern, verdünne man die Lösung auf das 3fache vor dem Versuch.

Störungen

Die Reaktion ist spezifisch.

Liegen große Mengen von Cl^- vor, wäre man genötigt, große Mengen an Silbersalz zuzusetzen, um die Fällung des Cl^- vollständig zu machen. In diesem Fall verdränge man die Salzsäure vor dem Versuch durch Erhitzen mit verdünnter Schwefelsäure.

Enthält die Lösung viel Mn^{2+} (mehr als 500 μg/ml), so kann das gebildete MnO_4^- durch überschüssiges Mn^{2+} reduziert und als

braunes Dioxid gefällt werden. In diesem Fall verdünne man die Lösung.
In Gegenwart eines großen Überschusses an Peroxodisulfat und von Ag^+ fällt schwarzes Ag_2O langsam aus.
Ist viel H_3PO_4 vorhanden, so bildet sich ein violettroter Komplex von Mn (III) oder Mn (IV).
Cr (III) gibt $Cr_2O_7^{2-}$, Ce (III) gibt Ce (IV), V (IV) gibt V (V), wodurch sich die Lösung gelb färbt. Die Empfindlichkeit wird wenig verringert. Fe (III) erzeugt in salpetersaurer Lösung nur eine sehr schwache Färbung.
Von den gefärbten Ionen stört Co (II) am stärksten. Beträgt seine Konzentration 6000 μg/ml, so wird die Empfindlichkeit auf 50 μg/ml verringert, wobei man zweckmäßig mit einer Kobaltlösung gleicher Konzentration vergleicht.

Nachweis von Cer in Abwesenheit von Mangan. Ce (IV) wird mit Hilfe eines Redox-Indikators aufgezeigt.

Reagenzien

a) o-Phenanthrolin-Eisen (II)-Reagenz. Folgenden Ansatz zum Gebrauch 1 : 250 verdünnen:
0,7 g $FeSO_4 \cdot 7\,H_2O$, 1,5 g o-Phenanthrolin, 100 ml Wasser.
oder

b) Natrium-N-phenylanthranilat in Lösung von 10 mg/l.

Ausführung

Man zerstöre den Überschuß an Peroxodisulfat in der zum Nachweis des Mangans bereiteten Lösung durch kurzes Aufkochen, lasse abkühlen und füge einen Tropfen des Reagenzes hinzu:

a) mit dem Eisen-Phenanthrolin-Reagenz rötet sich die Lösung bei Abwesenheit von Ce (IV). Ist Cer zugegen, so wird der Indikator entfärbt, und zwar blaßblau;

b) mit dem N-Phenylanthranilat wird die Lösung purpurrot bei Anwesenheit von Ce (IV).

Empfindlichkeit

a) Grenzkonzentration: 10 μg/ml. Sind gefärbte Ionen zugegen, so ist die Empfindlichkeit geringer, und man verwende dann einen konzentrierteren Indikator.

b) Grenzkonzentration: 4 μg/ml. Bei Störung durch gefärbte Ionen gilt das gleiche wie oben.

Störungen

Die Reaktion ist innerhalb der Gruppe der seltenen Erden spezifisch.
Starke Oxidationsmittel geben dieselbe Reaktion. Diese sind:

a) mit dem o-Phenanthrolin-Eisen-Reagenz: Mn (VII); V (V) bei einer Konzentration über 3000 μg/ml,

b) mit dem N-Phenylanthranilat: Mn (VII); V (V) bei einer Konzentration über 50 μg/ml; Cr (VI) bei einer Konzentration über 3000 μg/ml.
Die beiden letzteren wirken in Abwesenheit von Katalysatoren, z. B. Fe (III), nur langsam. Au (III), NO_3^- und die Metalle der Platingruppe stören.

QUECKSILBER Hg (II)

1. Reduktion durch Kupfer

Reaktion

Durch metallisches Kupfer wird Hg (II) zu Hg-Metall reduziert.

Ausführung

Ein Tropfen der schwach sauren Lösung wird auf eine blanke Kupferfolie gebracht, man warte einige Sekunden und poliere den entstandenen Flecken unter fließendem Wasser. Es bildet sich ein glänzendes Amalgam, das durch Erhitzen verschwindet.

Empfindlichkeit

Grenzkonzentration: 100 μg/ml.

Störungen

In Abwesenheit von Silber ist die Reaktion spezifisch; Arsen, Antimon und Wismut werden ebenfalls gefällt, aber sehr langsam, die Edelmetalle fallen als schwarze Niederschläge.

2. Dithizon

Reaktion

Hg (II) gibt mit Dithizon eine gelbe Verbindung, welche aus saurer Lösung durch Chloroform extrahiert werden kann. Diese Reaktion ist empfindlicher als die vorherige.

Reagenzien

Dithizon (Diphenylthiocarbazon), 0,1 g/l Chloroform. Man filtriere durch eine Glasfritte.
0,5 N HCl ($^1/_{24}$),
ÄDTA (Dinatriumsalz der Äthylendiamintetraessigsäure), wäßrige Lösung von 100 g/l.

Ausführung

Zu einem Tropfen der Probelösung in einem Spitzröhrchen füge man einen Tropfen ÄDTA-Lösung, einen Tropfen 0,5N HCl und sodann zwei Tropfen der Dithizonlösung. Schüttle 10 Sekunden lang: im Chloroform erscheint die gelbe Farbe des Dithizonats.

Empfindlichkeit

Grenzkonzentration: 10 μg/ml.

Störungen

Unter diesen Bedingungen ist Cu (II) zumeist genügend komplexiert. Ist jedoch die Lösung zu stark sauer oder die Cu (II)-Menge zu groß, so kann die rot-violette Farbe des Kupferdithizonats erscheinen, sie maskiert die des Hg (II). In diesem Falle verdünne man die Lösung und wiederhole den Versuch.

Die Edelmetalle geben ebenfalls Färbungen.

SELEN Se(IV) und Se(VI)

Vorbemerkung

Da sich Selenverbindungen beim Eindampfen mit konz. Salzsäure verflüchtigen, (bis zu 50% des ursprünglichen Wertes), empfiehlt es sich, für den Selennachweis eine extra bereitete, stark salzsaure Lösung zu verwenden, die nicht nach den allgemeinen Vorschriften (Seite 9) hergestellt wurde. Zu beachten ist auch die Notiz auf Seite 10.

1. Eisen(II)-sulfat

Reaktion

Eisen(II)-sulfatlösung fällt in stark salzsaurem Medium aus Seleniten und Selenaten das Selen quantitativ als roten bis rotbraunen Niederschlag. Tellurverbindungen reagieren unter diesen Bedingungen nicht.

Reagenz

10%ige frisch bereitete Lösung von Eisen(II)-sulfat, $FeSO_4 \cdot 7H_2O$.

Ausführung

1 Tropfen der stark salzsauren Lösung wird in einem Spitzröhrchen mit 1 Tropfen Eisen(II)-sulfatlösung versetzt und die Mischung etwas erwärmt. Ist Selen zugegen, so scheidet es sich in elementarer Form als rotes, amorphes Selen ab.

Empfindlichkeit

Grenzkonzentration: 10 μg/ml.

Störungen

Starke Oxidationsmittel oxidieren das Eisen(II)-sulfat, erkenntlich am Farbwechsel des Reagenzes von grün nach gelb. In diesem Fall müssen mehrere Tropfen Eisen(II)-sulfat hinzugegeben werden.

2. Jodwasserstoffsäure

Reaktion

Selenverbindungen werden durch Jodwasserstoffsäure oder durch Jodide in konz. salzsaurer Lösung zu elementarem rotem Selen reduziert.
Unter den gleichen Bedingungen bildet tellurige Säure mit Jodwasserstoff einen rotbraunen Anionenkomplex, der jedoch durch Thiosulfat zersetzt und entfärbt wird. Es ist möglich, Selen neben einem 640fachen Überschuß an Tellur zu erkennen.

Reagenzien

Konzentrierte Jodwasserstoffsäure oder anstelle dessen konzentrierte Kaliumjodidlösung und konzentrierte Salzsäure, 5%ige Lösung von Natriumthiosulfat, $Na_2S_2O_3$.

Ausführung

Auf ein weiches Filtrierpapier wird 1 Tropfen Jodwasserstoffsäure (oder 1 Tropfen KJ-Lösung und 1 Tropfen konz. HCl) aufgetragen und in die Mitte des feuchten Flecks 1 Tropfen der sauren Untersuchungslösung getüpfelt. (Reihenfolge beachten!) Hierbei kann sich ein rotbrauner oder ein schwarzbrauner Fleck bilden. Wird der Fleck beim Nachtüpfeln mit Natriumthiosulfat entfärbt, so enthält die Lösung kein Selen. Andernfalls zeigt ein roter bis rotbrauner Fleck Selen an.

Empfindlichkeit

Erfassungsgrenze: 1 μg Selen bzw.
2,5 μg Selen bei Anwesenheit von Tellur.

Störungen

Bei Anwesenheit von Oxidationsmitteln wird ebenfalls Jod abgeschieden, das aber bei der Behandlung mit Thiosulfat verschwindet. Quecksilber(II) kann einen Fleck von rotem Quecksilberjodid ergeben, der sich beim weiteren Tüpfeln mit Kaliumjodidlösung entfärbt.

TELLUR Te(IV) und Te(VI)

Eisen(II)-sulfat und Phosphorsäure

Reaktion

Tellurverbindungen werden von Eisen(II)-sulfat in Gegenwart von Phosphorsäure zum elementaren schwarzen Tellur reduziert.

Reagenzien

10%ige frisch bereitete Lösung von Eisen(II)-sulfat, $FeSO_4 \cdot 7H_2O$, Sirupöse Phosphorsäure, H_3PO_4, 83 bis 90%ig, Dichte 1,70 bis 1,75.

Ausführung

1 Tropfen der stark salzsauren Untersuchungslösung wird in einem Spitzröhrchen mit 1 Tropfen frisch bereiteter Eisen(II)-sulfatlösung und 1 Tropfen Phosphorsäure versetzt und erhitzt. Bei Anwesenheit von Tellur bildet sich ein schwarzer Niederschlag.

Empfindlichkeit

Erfassungsgrenze: 0,5 μg.

Störungen

Bei Gegenwart von Selenverbindungen müssen diese vor dem Tellurnachweis abgetrennt werden. Dazu muß die stark salzsaure Lösung zuerst mit Eisen(II)-sulfat allein reduziert werden. Man gibt zu 1 Tropfen Probelösung 3 bis 4 Tropfen konz. HCl, 1 Tropfen Eisen(II)-sulfatlösung und erwärmt. Nachdem sich alles Selen abgeschieden hat, wird zentrifugiert. 1 Tropfen der klaren, selenfreien Lösung wird in einen Mikrotiegel überführt und mit 1 Tropfen Phosphorsäure erwärmt.
Für starke Oxidationsmittel gilt das unter „Selen“ Gesagte.

WISMUT Bi(III)

1. Reduktion durch Stannit

Reaktion

Eine alkalische Lösung von Zinn(II)-salz gibt mit Wismutsalzen einen schwarzen Niederschlag von Wismut.

Reagenzien

Lösung von Zinn(II)-chlorid, 50 g $SnCl_2 \cdot 2H_2O$/l,
2,5N HCl ($^1/_5$),
4N NaOH ($^2/_5$).

Ausführung

Zu einem Tropfen der Zinn(II)-chloridlösung auf einer Tüpfelplatte gebe man zwei Tropfen Lauge und mische einige Sekunden. Dann füge man einen Tropfen der Probelösung hinzu. Bei Anwesenheit von Wismut erscheint ein schwarzer Niederschlag. Die Fällung erfolgt sofort oder doch, bei der Grenzkonzentration, nach einigen Sekunden.

Empfindlichkeit

Grenzkonzentration: 100 μg/ml.

Störungen

Quecksilber gibt die gleiche Reaktion; man trennt es ab, indem man in einem Reagenzröhrchen einen Tropfen der Probelösung und einen Tropfen 4N HCl ($^1/_3$) mit gepulvertem Antimon 2 Minuten lang im Wasserbad erwärmt. Man läßt absitzen und entnimmt der überstehenden Lösung einen Tropfen für den Versuch. Unter diesen Bedingungen ist die Empfindlichkeit nicht verringert.

Blei fällt sehr langsam, es erscheint aus einer gesättigten Bleichloridlösung erst nach 10 bis 15 Minuten, stört also nicht.
Ag (I) und Au (III), die Metalle der Platingruppe und Tellur fallen ebenfalls aus.

Fe (II) könnte im alkalischen Medium Blei ausfällen, muß also vor der Reaktion durch ein wenig Peroxodisulfat oxidiert werden, dessen Überschuß man durch Kochen zerstört.

Störend wirken auch größere Mengen von Metallen, die gefärbte Hydroxide bilden.

Bemerkung über die Reaktion mit Stannit. Ist die Reaktion negativ, so zeigt sie zugleich die Abwesenheit von Bi (III) und

Hg (II) an. In Abwesenheit von Bi (III) kann die Reaktion zum Nachweis von Hg (II) dienen.

2. Extraktion komplexer Jodide*)

Reaktion

In Gegenwart eines Überschusses von Jodid bildet Bi (III) einen orangefarbenen Komplex, der mit zahlreichen organischen Lösungsmitteln extrahiert werden kann.

Reagenzien

Lösung von Natriumhypophosphit, 300 g/l.
Lösung von Kaliumjodid, 15 g/l.
Methylisobutylketon (Hexon).

Ausführung

In einem Reagenzglas fügt man zu einem Tropfen der Lösung einen Tropfen Hypophosphit und fünf Tropfen Jodid und schüttelt mit fünf bis zehn Tropfen Hexon.

Empfindlichkeit

Grenzkonzentration: 10 μg/ml.

Störungen

Sb (III) gibt einen in gleicher Weise ausziehbaren Komplex. Man vermeidet die Störung durch Zugabe von Oxalsäure, und zwar setzt man vier Tropfen einer gesättigten Oxalsäurelösung vor der Zugabe des Jodids im obigen Versuch zu. Sb (III) stört nun nicht mehr, es sei denn, seine Konzentration beträgt das 100fache der des Bi (III).

Auch Fe (III) wird in gleicher Weise durch Oxalsäure komplexiert. Oxydierende Ionen wie Cu (II), Se (IV) u. a. m. oxydieren das Jod-Ion zu Jod, das seinerseits auf das Hypophosphit einwirkt. Hg (II) stört. Es wird in der Wärme durch Hypophosphit reduziert. Man füge daher zu einem Tropfen der Lösung zwei Tropfen Hypophosphit, erwärme, zentrifugiere und führe den Versuch mit der überstehenden Lösung durch.

*) Ph. W. West, P. Senise und J. K. Carlton.

ZINK Zn(II), KOBALT Co(II) KUPFER Cu(II)

Quecksilberthiocyanat

Reaktionen

$[Hg(SCN)_4]^{2-}$ gibt in verdünnt saurer Lösung (0,1N) mit folgenden Ionen Niederschläge:

Co (II) allein, dunkelblau
Zn (II) allein, weiß
Cu (II) allein, grün

Bei gleichzeitiger Anwesenheit mehrerer Ionen in gewissen Mengenverhältnissen entstehen gefärbte Mischkristalle:

Cu (II) + Zn (II) mauve bis dunkelviolett oder dunkelgrün,
Co (II) + Zn (II) himmelblau,
Cu (II) + Co (II) dunkelgrün bis schwarz.

In konzentrierter Lösung, mehr als 30000 μg/ml, können auch andere Niederschläge erhalten werden: Cd (II), weiß, Co (II) + Cd (II), himmelblau; Mn (II) + Cu (II), Ni (II) + Cu (II); Ni (II) + Zn (II); Ni (II) + Co (II), dunkelgrün bis schwarz. Sie entstehen nicht, wenn man die Verdünnungsbedingungen zur Bereitung der Probelösung eingehalten hat.
Fe (III) muß vor der Zugabe des Reagenzes durch Fluorid komplexiert werden, um mauvefarbene Niederschläge zu vermeiden, die durch Adsorption von Eisenthiocyanat durch Zinkthiocyanatomercurat bedingt sind.

Reagenzien

1. Lösung von Ammoniumtetrathiocyanatomercurat:

Quecksilberchlorid	30 g,
Ammoniumthiocyanat	33 g,
Wasser	100 ml.

2. Kupfersulfatlösung, 5 g $CuSO_4 \cdot 5H_2O$/l,
3. Zinkchloridlösung, 10 g $ZnCl_2$/l.

Ausführung

1. Man fügt zu einem Tropfen der Probelösung auf einer Tüpfelplatte zwei Tropfen des Reagenzes und wartet ab. Ein weißer Niederschlag zeigt Zink allein an (> 60 μg/ml).
Ein dunkelblauer, langsam sich bildender Niederschlag zeigt Kobalt allein an (> 300 μg/ml).
Ein grüner Niederschlag zeigt die Anwesenheit von Cu (II) an (> 3000 μg/ml). Ein violetter Niederschlag zeigt Cu + Zn an. Ein himmelblauer oder schwarzer Niederschlag zeigt Zink+Kobalt oder Cu + Co bzw. Cu + Zn + Co an.
Tritt kein Niederschlag auf, so führe man folgende empfindlichere Versuche durch:
2. Nachweis des Zinks. Die Charakterisierung des Zinks ist empfindlicher, wenn man von vornherein zu einem Tropfen der Lösung einen Tropfen Kupfersalzlösung zugibt; man erhält einen violetten, schwarzen oder dunkelgrünen Niederschlag entsprechend der Konzentration an Zink. Er ist sehr dicht und sammelt sich am Boden des Napfes.
3. Nachweis von Kupfer und Kobalt. Die Charakterisierungen sind empfindlicher nach Zugabe eines Tropfens Zinklösung zu einem Tropfen der Probelösung. Man erhält bei Anwesenheit von Kupfer violette bis schwarze, bei Anwesenheit von Kobalt blaue Niederschläge.

Empfindlichkeit

Ausführung 2: 10 μg/ml Zn beim Vergleich mit der Lösung des Kupfers allein.

Ausführung 3: 6 μg/ml Cu oder Co.

Störungen

Ist der Anteil des Kupfers in der Lösung zu groß, so stört es den Zinknachweis; man erhält dann bei der Ausführung 1 einen grünen Niederschlag, oder es stört den Kobaltnachweis, und man erhält dann eine grüne oder schwarze Fällung.

Man kann dann das Cu (II) mit Hilfe von ein wenig metallischem Aluminium abtrennen, die überstehende Lösung nach Abgießen vom Festen mit Peroxodisulfat wieder oxidieren, den Persulfat-Überschuß durch Kochen zerstören und alsdann Zn bzw. Co nachweisen.

Ist der Kobaltanteil zu groß, so ist der Kupfernachweis gestört, man erhält bei der Ausführung von 1 eine blaue Fällung oder für den Zinknachweis eine dunkelblaue bis schwarze.

In diesem Falle komplexiert man das Kobalt als Amminkomplex, indem man einen Tropfen 3%iges H_2O_2 und einen Tropfen Ammoniak (½) zusetzt. Nach Wiederansäuern durch zwei Tropfen 4N HCl (1/3) kann man die Nachweise durchführen.

Ist aber der Kobaltüberschuß zu groß, so weise man das Kupfer mit Hilfe von Diäthyldithiocarbaminat nach (S. 31, unten).

Fe (III), welches mit freien Thiocyanationen eine rote Färbung gibt, wird durch Zusatz von ein wenig festem NaF vor der Zugabe des Reagenzes komplexiert. Ist aber Fe (II) gleichzeitig anwesend, so wirkt dieses in Gegenwart von Fluorid als starker Reduktor und reduziert Cu (II). Man muß also vorhandenes Fe (II) zuvor oxydieren. Dies geschieht durch Zugabe von Peroxodisulfat, dessen Überschuß durch Kochen zerstört werden kann.

V (IV) darf nicht in zu hoher Konzentration zugegen sein, ist dies aber der Fall, so oxidiere man zuvor.

KUPFER Cu (II)

Diäthyldithiocarbaminat

Reaktion

Cu (II) gibt mit Diäthyldithiocarbaminat eine gelbe bis braune Verbindung, die mit Äthylacetat extrahierbar ist.

Reagenzien

ÄDTA, 100 g/l.
konzentriertes Ammoniak,

wäßrige Lösung von Diäthyldithiocarbaminat, 10 g/l, wenn nötig vorher filtrieren!
Äthylacetat.

Ausführung

Gib zu einem Tropfen der Probelösung in einem Mikroreagenzglas fünf Tropfen ÄDTA-Lösung, zwei Tropfen Ammoniak und drei Tropfen des Reagenzes, füge zehn Tropfen Äthylacetat hinzu und schüttle 20 Sekunden lang.

Empfindlichkeit

Grenzkonzentration: 10 μg/ml.

Spezifität

Die Mehrzahl der Verbindungen, welche stören könnten, sind komplexiert.
Bi (III) gibt dieselbe Reaktion, falls seine Konzentration 200 μg/ml übersteigt.

EISEN Fe(III) – KOBALT Co(II)

Thiocyanat

Reaktion

Eisen (III)-Ionen geben in saurer Lösung mit Thiocyanat-Ionen eine rote Färbung. $Fe(SCN)_3$ ist in zahlreichen organischen Lösungsmitteln, besonders in Äther, mit roter, in Benzylalkohol mit violettroter Farbe löslich.
Kobaltsalze geben in Gegenwart eines großen Überschusses an Thiocyanat eine blaue Färbung. Sie beruht auf der Bildung eines beständigen blauen Komplexes, der in zahlreichen organischen Lösungsmitteln, insbesondere in Benzylalkohol, löslich ist.

Spezifität

Man prüfe zunächst, ob nachfolgende Ionen, die ebenfalls Färbungen ergeben, zugegen sind. Diejenigen Elemente, die lediglich

schwache Färbungen hervorrufen, stören nur bei großer Konzentration.
Cu (II) gibt einen braunen Komplex. Es kann durch Thioharnstoff komplexiert werden.
Ti (IV) stört durch seinen orangefarbenen Komplex nur bei großer Konzentration.
Man sucht dann das Eisen mit Hilfe von o-Phenanthrolin (Seite 16).
Man kann Fe (III), Ti (IV), Bi (III), U (VI) und Mo (VI) durch Fluorid maskieren, damit man die blaue Färbung des Kobaltkomplexes erkennen kann. V (V) und V (IV) stören, weil sie ebenfalls blaugefärbte Komplexe ergeben.
Ni (II) gibt bei großer Konzentration eine schwach grüne Färbung, die in organischen Lösungsmitteln unlöslich ist.

Reagenzien

Gesättigte Lösung von Ammoniumthiocyanat (etwa 160 Teile Salz auf 100 Teile Wasser),
Natriumfluorid, fest,
Methylisobutylketon.

Ausführung

Zu einem Tropfen der Probelösung füge man in einem Spitzröhrchen zwei Tropfen Thioharnstofflösung, falls Cu zugegen ist. Dann gibt man einen Tropfen Thiocyanat hinzu. Es erscheint die dem Eisen zugehörige rote Farbe, während die blaue Färbung des Kobalts weniger empfindlich ist. Nun komplexiert man das Eisen durch Zugabe von Fluorid. Nach Hinzufügen von 3—4 Tropfen Methylisobutylketon und Durchschütteln erscheint die blaue Färbung des Kobaltkomplexes im organischen Lösungsmittel.

Empfindlichkeit

Grenzkonzentration: 3 μg/ml Fe (III). In Abwesenheit des organischen Lösungsmittels 1000 μg/ml Co (II); in Gegenwart von Methylisobutylketon 25 μg/ml Co (II).

Bemerkung über die Reaktion mit Thiocyanation. Zahlreiche Ionen geben in saurer Lösung gefärbte Komplexe. Tritt keine Färbung auf, so sind folgende Ionen abwesend: Fe (III), rot (3 μg/ml); Bi (III), goldgelb (40); U (VI), gelb (200); Co (II), blau (1000); V (IV), violett bis blau (500); Ti (IV), orange (1000); Cu (II), braun (10); Mo (VI), rotorange (100); Re (VII), rotorange (200).
Fast alle diese Komplexe sind in den Alkoholen löslich; nur die Verbindungen des Fe (III), Ti (IV), Mo (VI), Co (II) und ein wenig Cu (II) sind in Äther löslich. Die Intensitäten der Färbungen sind in organischen Lösungsmitteln gesteigert.
Die Edelmetalle geben ebenfalls Färbungen.

MOLYBDÄN Mo (VI)

1. Fällung mit α-Benzoinoxim

Reaktion

In verdünnter starker Säure werden nur wenige Ionen gefällt, Mo (VI) erscheint als farblose, kristalline Masse.

Reagenzien

Alkoholische Lösung von α-Benzoinoxim, 20 g/l,
4N HCl ($^1/_3$).

Ausführung

Zu einem Tropfen der Probelösung in einem Spitzröhrchen füge man einen Tropfen Säure, sodann einen Tropfen Reagenz und warte 30 Sekunden.

Empfindlichkeit

Niederschläge von Mo (VI) (50 μg/ml); W (VI) (100); V (V) (500). Entsteht kein Niederschlag, so erübrigt sich die Suche nach Mo (VI) und W (VI).

2. Bildung von Thiocyanatkomplexen nach Reduktion mit Zinn(II)-chlorid

Reaktion

Eine saure, mit Zinn(II)-chlorid in Gegenwart von Thiocyanat reduzierte Molybdatlösung gibt rote Thiocyanatkomplexe von Mo (V), die in Benzylalkohol mit violettroter Farbe löslich sind.

Reagenzien

Zinn(II)chloridlösung, enthaltend 50 g $SnCl_2 \cdot 2H_2O$ pro Liter 2,5N HCl ($^1/_5$). Man gebe einige Körnchen metallischen Zinns hinzu. Gesättigte Ammoniumthiocyanatlösung, (etwa 160 Teile Salz auf 100 Teile Wasser), Benzylalkohol.

Ausführung

Ist Fe (III) nicht vorhanden, so füge man zu einem Tropfen der Lösung in einem Spitzröhrchen einen Tropfen der Zinnsalzlösung und einen Tropfen der Thiocyanatlösung und schüttele gut um: rote, in Benzylalkohol violette Färbung. Die Reaktion ist sehr empfindlich.
Enthält die Lösung Fe (III), so füge man zwei Tropfen Zinn(II)-chloridlösung zu, um es zu reduzieren. In diesem Falle kann man Benzylalkohol nicht verwenden, da sonst die Färbung durch Eisen wieder auftreten könnte.

Empfindlichkeit

Grenzkonzentration: 5 μg/ml bei Anwendung der Extraktion.

Störungen

Eine gewisse Zahl von Ionen gibt Färbungen (S. 34). Der Überschuß des Zinn(II)-salzes läßt die Färbungen von Fe(III) und Cu (II) verschwinden.
Bei Gegenwart von Co (II) überlagert die Färbung dieses Ions diejenige des Molybdänthiocyanats, besonders dann, wenn man Benzylalkohol verwendet. Viel Co (II) stört. Man trennt es durch

Fällung als Oxid ab und verfährt wie folgt: Zu einem in einem Spitzröhrchen befindlichen Tropfen der Probelösung gebe man einen Tropfen 4N NaOH ($^2/_5$) und einen Tropfen 3%iges H_2O_2. Man rühre, zentrifugiere und übertrage einen Tropfen der überstehenden Lösung auf eine Tüpfelplatte. Alsdann säure man mit einem Tropfen 4N HCl wieder an und führe die Probe durch.

V (IV) und V (V) verringern die Empfindlichkeit,

Se (IV), Te (VI) und Te (IV) geben Niederschläge von Se und Te,

W (VI) gibt einen blauen, in Alkohol unlöslichen Niederschlag von W_2O_5.

Bemerkungen über die Reaktionen mit Thiocyanation (S. 34).

WOLFRAM W (VI)

Reduktion durch Zinn (II)-chlorid

Bemerkung

In der zur Analyse vorbereiteten Probelösung kann Wolfram in nennbaren Mengen nur als komplexes Phosphat vorhanden sein.

Reaktion

W (VI) wird von Zinn(II)-chlorid unter Bildung eines dunkelblauen Niederschlages von W_2O_5 reduziert, während Molybdän unter den gleichen Bedingungen ebenfalls eine blaue Färbung hervorruft. Bei einem Überschuß des Reduktionsmittels bleibt die Färbung des Wolframs bestehen, während die des Molybdäns verschwindet.

Reagenzien

Festes Zinn(II)-chlorid, $SnCl_2 \cdot 2H_2O$,
konzentrierte Salzsäure.

Ausführung

Zu einem Tropfen der Lösung auf einer Tüpfelplatte füge man einen Tropfen Säure und einen Kristall $SnCl_2$. Warten.

Empfindlichkeit

Grenzkonzentration: 500 μg/ml.

Spezifität

Die Edelmetalle fallen aus, desgleichen auch Quecksilber. Man entledigt sich ihrer wie folgt: zu einem Tropfen der Probelösung gibt man drei Tropfen 4N NaOH, zentrifugiert und entnimmt der überstehenden Lösung einen Tropfen, mit dem man die Probe durchführt. Ist die Zentrifugierung schwierig, so beläßt man die Probe während einer Minute im Wasserbad.
Arsen fällt langsam aus, Se (IV), Te (IV) und Te (VI) geben Fällungen von Se und Te.

Bemerkungen

über die Reaktion mit Zinn(II)-chlorid. Führt man die Abtrennung mit der Lauge nicht durch, so zeigt das Ausbleiben einer Fällung die Abwesenheit aller obigen Elemente an: W, Edelmetalle, Hg, As, Se und Te.

PHOSPHATE H_3PO_4

Fällung als Ammoniummolybdatophosphat

Reaktion

Das Molybdänreagenz gibt in saurer Lösung einen gelben Niederschlag von Ammoniummolybdatophosphat; As (V) gibt eine analoge Reaktion. In Gegenwart von Weinsäure fällt As (V) nicht mehr.

Reagenzien

1. Molybdänreagenz:

Ammoniummolybdat	50 g,
Ammoniumnitrat	75 g,
Wasser	700 ml, sodann
konzentrierte Salpetersäure	300 ml.

2. Molybdän-Weinsäure-Reagenz:
zu 100 ml Reagenz 1 füge 13 g Weinsäure.

Ausführung

Viel Cl^- stört; man beseitigt es größtenteils durch Kochen von 2 bis 3 Tropfen der Probelösung mit der gleichen Menge konzentrierter Salpetersäure in einer Abdampfschale. Man erhitzt bis zum Auftreten nitroser Gase, fügt zwei Tropfen des Reagenzes hinzu und erwärmt auf dem Wasserbad. Warten. Es bildet sich ein gelber Niederschlag von Ammoniummolybdatophosphat.

Empfindlichkeit

Grenzkonzentration des weinsäurefreien Reagenzes bei 50°: 100 $\mu g H_3PO_4$/ml.

Das weinsäurehaltige Reagenz besitzt im Wasserbad dieselbe Empfindlichkeit, der Niederschlag ist bei der Grenzkonzentration nach 5 Minuten sichtbar.

Störungen

Die Reaktion ist spezifisch. H_3AsO_4 erzeugt mit dem Molybdänreagenz einen gelben Niederschlag von Ammoniummolybdatoarsenat; Kieselsäure gibt eine gelbe Färbung, ebenso wie Ge (IV). Diese drei Reaktionen werden durch die Zugabe von Weinsäureionen verhindert, welche Mo (VI), As (V) und ohne Zweifel Si (IV) genügend komplexieren, um die Bildung des Arsen- und Silicium-Molybdat-Komplexes, aber nicht genügend, um die Bildung des weniger löslichen Molybdatophosphats zu verhindern.

F^- und Cl^- komplexieren leicht Mo (VI) und verringern die Empfindlichkeit.

Die Ionen der Pyrophosphorsäure geben die Reaktion zunächst nicht, aber sie hydrolysieren in der Wärme zu H_3PO_4.
Reduzierende Ionen werden vor dem Versuch durch konzentrierte Salpetersäure oxidiert.

Bi (III), Sb (III) und Sn (IV) fallen beim Vertreiben der Salzsäure durch Salpetersäure als weiße Niederschläge aus.

ARSEN As (III) und As (V)

1. Bei Abwesenheit von Phosphorsäure sucht man Arsen mit Hilfe des Molybdänreagenzes,

2. in Gegenwart von Phosphorsäure sucht man Arsen durch die Bildung von AsH_3 in alkalischer Lösung.

1. Ammoniummolybdatoarsenat

Reaktion

Sie ist dieselbe wie bei der Phosphorsäure, hier aber mit dem weinsäurefreien Molybdänreagenz. Man warte eine bis zwei Minuten.

Das der Reaktion vorhergehende Kochen mit Salpetersäure oxydiert As (III) zu As (V), weshalb die Reaktion für beide Fälle genügt.

Empfindlichkeit

Grenzkonzentration: 70 μg/ml.

Störungen

H_3PO_4 gibt dieselbe Reaktion; Si (IV) und Ge (IV) geben gelbe Färbungen.

2. Reduktion zu Arsenwasserstoff

Reaktion

Man führt die Reduktion mit Aluminium in alkalischer Lösung durch. Da Arsenate in diesem Medium nicht reduzierbar sind, ist es nötig, As (V) zunächst in saurem Medium zu As (III) zu reduzieren.

AsH_3 entweicht und wird mit Hilfe von Silbernitrat erkannt. Man erhält auf Papier, das mit diesem Reagenz durchfeuchtet ist, einen gelben bis schwarzen Fleck.

Reagenzien

4N NaOH (2/5),
Aluminiumblech.
Silbernitratlösung, 250 g/l,
gepulvertes Antimon 99,9%ig oder Natriumhydrogensulfit.

Ausführung

1. Verbindungen des As (III). In ein kleines Reagenzglas gibt man einen Tropfen der Probelösung, sodann zwei Tropfen Lauge und ein kleines Blättchen Aluminium. An der Mündung des Röhrchens befestigt man ein Stück Filtrierpapier, das mit einem Tropfen Silbernitratlösung getränkt ist. Man belasse das Ganze eine Minute lang im Wasserbad. Arsen gibt sich durch gelbe bis schwarze Flecken zu erkennen.
Man soll gleichzeitig einen Blindversuch mit denselben Reagenzien durchführen.

2. Verbindungen des As (V). Man reduziere zunächst das As (V) zum As (III) durch Kochen mit einigen Tropfen Hydrogensulfit oder wenig Antimonpulver in der sauren Ausgangslösung. Darauf führt man die Prüfung, wie oben beschrieben, durch. Man braucht das Antimon nicht abzutrennen, da es nicht stört.

Bemerkung

Man vermeide es, den Rand des Reagenzglases mit der Lauge zu benetzen, da sich sonst auf dem Papier ein brauner Fleck von Ag_2O bildet.

Empfindlichkeit

Grenzkonzentration: 10 μg/ml. Nach Reduktion ist die Empfindlichkeit der As (V)-Verbindungen die gleiche.

Störungen

Ammoniumsalze geben einen gelben Fleck und sollten daher abwesend sein. Man vertreibe sie notfalls durch Alkali bis zur negativen Reaktion von Nessler-Reagenz (s. S. 15). PH_3 und H_2S

können analoge Reaktionen geben, doch werden Phosphate, Sulfate und Sulfite nicht reduziert und stören somit nicht. Auch kein anderes Metall gibt analoge Reaktionen; Sb (III) wird zu Metall reduziert und stört nicht, wenn man die Lösung nicht zu lange erwärmt. Man vergewissere sich dessen durch einen Blindversuch in Gegenwart von Antimon, den man nach Vorschrift durchführt. Reduzierbare Ionen können stören, indem sie die Reduktion des As (III) verzögern; man beachte, daß:

Cu (II) im Verhältnis 100 : 1 die Empfindlichkeit auf 100 μg/ml verringert; außerdem wird die Reduktion verlangsamt; man warte mindestens 5 Minuten.

Hg (II) verringert die Empfindlichkeit stark, da es mit AsH_3 eine ähnliche Verbindung wie Silber bildet. Bei Gegenwart dieses Elementes behandelt man die saure Lösung mit ein wenig Antimonpulver: es fällt metallisches Quecksilber aus, das weiter nicht stört. Unter diesen Bedingungen wird die Empfindlichkeit selbst im Verhältnis Hg (II) : As (III) = 1000 : 1 nicht gestört.

EISEN Fe (II)

Dimethylglyoxim

Verfügt man nicht über o-Phenanthrolin (S. 16), so verwende man die folgende Reaktion, die aber in zahlreichen Fällen bedeutend weniger befriedigend ist.

Reaktion

Dimethylglyoxim gibt mit Eisen (II)-Ionen in ammoniakalischer Lösung einen rotgefärbten Komplex. Er verschwindet langsam durch Luftoxidation.

Reagenzien

Alkoholische Lösung von 10 g Dimethylglyoxim/l oder wäßrige Lösung des Natriumsalzes,

Pufferlösung:	konzentriertes Ammoniak	40 ml,
	Wasser	60 ml,
	Ammoniumchlorid	20 g.

Man kann auch die 1%ige Lösung des Reagenzes in der Pufferlösung verwenden.

Ausführung

Zu einem Tropfen der Probelösung in einem Spitzröhrchen füge man zwei Tropfen des Reagenzes und dann zwei Tropfen Pufferlösung. Man zentrifugiere gegebenenfalls, um die Färbung beobachten zu können.

Empfindlichkeit

Grenzkonzentration: 3 μg/ml. Durch Luftoxidation wird die Empfindlichkeit vermindert.

Störungen

Fe (III) fällt und kann Fe (II) als Eisen (II)-eisen (III)-hydroxid mitreißen. Man komplexiert es vor der Zugabe der Pufferlösung durch einen Überschuß an festem NaF. Indessen verschwindet Fe (II) in Gegenwart von F^- und Cu (II) teilweise unter Reduktion des Cu (II). Außerdem stört Kupfer durch die blaue Farbe des gebildeten Amminkomplexes.
Mn (II) in großer Konzentration oxidiert an der Luft zu braunem kolloidalem Oxid.
Co (II) stört, wenn es in großen Mengen vorliegt, durch eine braune Färbung, und es reduziert in der ammoniakalischen Lösung vorhandenes Fe (III), wenn dies nicht zuvor komplexiert wird.

Bemerkung

Ni (II) gibt eine rote charakteristische Fällung. Durch Zugabe eines Kristalls Peroxodisulfat verschwindet die dem Fe (II) zugehörige Färbung, und die Nickelverbindung ist leichter zu beobachten.

NICKEL Ni (II)

Dimethylglyoxim

Reaktion

Dimethylglyoxim gibt mit Nickelsalzen in neutraler, essigsaurer und ammoniakalischer Lösung eine rote Fällung.

Reagenzien

Alkoholische Lösung von 10 g Dimethylglyoxim im Liter oder wäßrige Lösung des Natriumsalzes,
festes Natriumacetat.

Ausführung

Zu einem Tropfen der Probelösung auf einer Tüpfelplatte füge man einige Kristalle des Acetats, sodann zwei Tropfen des Reagenzes.

Empfindlichkeit

Grenzkonzentration: 3 μg/ml.

Störungen

Man komplexiere Fe (III) durch einen Überschuß an festem NaF. Cu (II) und Mn (II) geben störende braune Färbungen. Man vermeidet ihr Erscheinen im Falle des Cu (II) durch die Zugabe von ein bis zwei Tropfen Hydrogensulfit und dann eines Tropfens gesättigter Thiocyanatlösung; im Falle des Mn (II) verwende man einen oder zwei Tropfen Hydrogensulfit und füge dann das Reagenz hinzu.
Bei Gegenwart solcher Metalle, wie Zn (II), Co (II) u. a. m., welche selbst von dem Reagenz verbrauchen, benötigt man einen Überschuß an diesem.
Bei Anwesenheit von viel Co (II), und zwar mehr als 600 μg/ml, gestattet die dunkle Färbung der gebildeten Verbindung den Nachweis des Nickels nicht. Man kann dann folgende Trennung anwenden, welche die Feststellung von einem Teil Ni (II) neben 100 Teilen Co (II) gestattet. Man fälle die schwarzen Oxide höherer

Oxidationsstufe beider Metalle und bringe sie in ammoniakalisches Milieu in Gegenwart von Dimethylglyoxim. Nur Nickel geht wieder in Lösung unter Bildung einer weinroten Verbindung des Dimethylglyoxims mit vierwertigem Nickel.

Reagenzien

4N NaOH ($^2/_5$),
festes Kaliumperoxodisulfat,
konzentriertes Ammoniak.

Ausführung

Zu drei Tropfen der Probelösung in einem Spitzröhrchen füge man einige Kristalle Peroxodisulfat und lasse kochen; es fallen die schwarzen Oxide des Nickels und des Kobalts. Man zentrifugiert und schüttet die Flüssigkeit ab. Darauf nimmt man mit drei bis vier Tropfen Dimethylglyoxim und einem Tropfen Ammoniak wieder auf, schüttelt bzw. rührt heftig und zentrifugiert, um die dem Nickel zugehörige Farbe beobachten zu können.

CHROM Cr (III)

1. Oxidation mit Peroxodisulfat in alkalischer Lösung

Reaktion

Man erhält gelbes Chromat.

Reagenzien

Kalium- oder Ammoniumperoxodisulfat,
4N NaOH ($^2/_5$).

Ausführung

Zu einem Tropfen der Probelösung in einem Spitzröhrchen füge man drei Tropfen Lauge und ein Körnchen Peroxodisulfat. Man erwärme zum Sieden und zentrifugiere: die gelbe Farbe der überstehenden Lösung ist spezifisch für das gebildete Chromat.

Empfindlichkeit

Grenzkonzentration: 100 μg/ml.

Störungen

Ist die Lösung zu stark alkalisch, so kann auch Cu (II) mit störender Farbe in Lösung gehen. Man verdünne, lasse von neuem kochen und zentrifugiere.

Ein reichlicher Niederschlag von Hydroxiden vermag merkliche Mengen von Chromat zu adsorbieren und vermindert dadurch die Empfindlichkeit.

Ba (II) fällt als Chromat; man vermag aber Cr (III) bis zu 500 μg/ml neben 10000 μg/ml Ba (II) zu erkennen.

Cu (II) kann die Oxidation von Mn (II) zu grünem Manganat katalysieren. In diesem Fall säuert man die vom Niederschlag abgetrennte Lösung mittels HCl an, wodurch das Manganat infolge Dismutation zerstört wird. Man beobachtet nun die orange Farbe der Dichromationen.

Bemerkung

über die Oxidation durch Peroxodisulfat in alkalischer Lösung.

Durch die Zugabe der Lauge bilden sich Niederschläge, deren Beobachtung nützlich ist (s. S. 15). Nach dem Kochen mit Peroxodisulfat sind Mn (II), Ni (II) und Co (II) in schwarzbraune Oxide übergeführt, Ba (II) gibt gelbes Chromat.

Die Abwesenheit eines schwarzen Niederschlags zeigt zugleich die Abwesenheit von Ni (II) (100 μg/ml) Co (II) (100 μg/ml) und Mn (II) (30 μg/ml) an.

2. Nachweis kleiner Mengen von Chrom
Diphenylcarbazid

Reaktion

Hat man wie oben oxidiert, so kann man wieder ansäuern und so den Niederschlag der Hydroxide wieder auflösen. Chromat kann dann durch Diphenylcarbazid nachgewiesen werden, welches mit ihm eine violette Färbung gibt.

Reagenz

1 g Diphenylcarbazid in 100 ml Aceton lösen, welches 2 bis 3 Tropfen 9N Schwefelsäure ($^1/_4$) enthält.
9N H_2SO_4 ($^1/_4$)

Ausführung

Die im obigen Versuch erhaltene Lösung wird 30 Sekunden lang gekocht, um den Überschuß an Peroxodisulfat zu zerstören. Man säure mit zwei Tropfen 9N H_2SO_4 an, lasse abkühlen und füge einen Tropfen des Reagenzes hinzu. Eine violette Färbung zeigt Chrom an.

Empfindlichkeit

Grenzkonzentration: 2 μg/ml.

Störungen

Ein Überschuß an Dichromat zerstört die violette Farbe.

Ce (III) gibt nach der Oxydation und Wiederauflösung in Säure Ce (IV), das nicht stört. Falls ein großer Überschuß vorhanden ist, muß man mehr Reagenz hinzugeben.

Fe (III) und Mo (VI) stören durch Farbbildung; man füge vor der Zugabe des Reagenzes ein wenig NaF hinzu, um sie zu komplexieren.

V (V) stört am stärksten, es gibt eine braungelbe, sehr empfindliche Farbe. Man muß es durch Kupferron abtrennen, wobei gleichzeitig Fe (III) und Mo (VI) beseitigt werden. Näheres hierüber siehe bei Al (III), (S. 52). Man kann einen Teil der Lösung für den endgültigen Nachweis von Al (III) und Ga (III) zurückstellen.

Ni (II), Co (II) und Mn (II) liegen nun als schwarze Oxide vor, welche sich in saurer Lösung nicht wieder auflösen. Man zentrifugiere sie vor Zugabe des Reagenzes ab.

Bemerkungen über die Reaktion mit Diphenylcarbazid. Tritt keine Färbung auf, so sind V (V) (5 μg/ml), Fe (III) (100 μg/ml) und Mo (VI) (3000 μg/ml) abwesend.

ZIRCONIUM Zr (IV)

1. Brenzcatechinviolett *)

Reaktion

Das Reagenz gibt mit Zr (IV) bei p_H 5 eine blaue Färbung.

Reagenzien

Gesättigte Lösung von Natriumacetat.
ÄDTA-Lösung, 100 g/l.
Brenzcatechinviolett, 0,5 %ige wäßrige Lösung.

Ausführung

In einem Spitzröhrchen fügt man zu einem Tropfen der Probelösung zwei Tropfen ÄDTA-Lösung und wartet 30 Sekunden. Dann gibt man 5 Tropfen Natriumacetatlösung und einen Tropfen Brenzcatechinviolett hinzu.

Bei kleinen Konzentrationen an Zr (IV) vergleicht man mit einer Blindprobe und wartet 15 Sekunden. Man erhält eine braunviolette Färbung.

Empfindlichkeit

Grenzkonzentration: 30 μg/ml.

Störungen

In Gegenwart von ÄDTA, welches zahlreiche Ionen komplexiert, ist die Reaktion praktisch spezifisch. Gefärbte Ionen und auch solche, die gefärbte Komplexe mit dem ÄDTA geben, vermindern die Empfindlichkeit: In Gegenwart von 10000 μg Fe (III) wird die Empfindlichkeit auf 60 μg/ml vermindert, durch Cr (III) auf 100 μg/ml, durch Cu (II) auf 100 μg/ml, durch Co auf 60 μg/ml. In

---

*) Nach H. Flaschka und F. Sadek, Z. analyt. Chem. **150**, 339 (1956).

diesem Fall, besonders wenn wenig Zirkon zugegen ist, mache man Vergleichsproben.
Einzig Sn (IV) (> 1000 μg/ml) gibt ebenfalls eine Blaufärbung mit Brenzcatechinviolett, wenn auch weniger empfindlich.
Sb (III), Th (IV) und Ti (IV) verursachen eine wenig empfindliche Rotfärbung. Große Mengen dieser Elemente können die Empfindlichkeit des Nachweises auf 100 μg/ml herabmindern.
Viel Zinn muß abgetrennt werden.
Abtrennung des Zinns: Man extrahiert den Jodokomplex mit Benzol.

Reagenzien

4N Schwefelsäure ($^1/_{10}$).
Festes Kaliumjodid.
Benzol

Ausführung

In einem Spitzröhrchen fügt man zu zwei Tropfen Probelösung zwei Tropfen 4N Schwefelsäure und festes Kaliumjodid im Überschuß. Nachdem man mit 1 ml Benzol überschichtet hat, schüttelt man 15 Sekunden lang energisch. Nun wird die wäßrige Phase zum Zr-Nachweis verwendet.

2. Morin

Reaktion

Zirkon gibt in stark saurer Lösung mit Morin eine grüne Fluoreszenz.

Reagenzien

Morin, 0,1 g pro Liter Äthanol,
konz. Salzsäure.

Ausführung

Zu einem Tropfen der Probelösung füge man einen Tropfen Reagenz und fünf Tropfen konzentrierte Salzsäure. Man beobachte im ultravioletten Licht.

Empfindlichkeit

Grenzkonzentration: 10 μg/ml.

Störungen

Kein anderes Ion gibt unter diesen Bedingungen eine Fluoreszenz. Der Nachweis wird durch gelb oder rot gefärbte Ionen in 10N HCl gestört; ebenso durch solche, welche das Reagenz oxydieren: Cu (II), V (V), Gold und die Metalle der Platingruppe.
Viel Sulfat und Phosphat vermindern die Empfindlichkeit.
Th (IV), Sb (III) und Sb (V) geben eine braune Färbung, die aber allmählich verschwindet.
Sn (IV) gibt in heißer 2N HCl ($^1/_6$) keine Reaktion.

BERYLLIUM Be (II)

Morin

Reaktion

Morin gibt mit Beryllium in alkalischer Lösung eine gelbgrüne Fluoreszenz.

Reagenzien

Alkoholische Lösung von Morin, 0,1 g/l,
4N NaOH ($^2/_5$).

Ausführung

Man gebe in ein Spitzröhrchen zwei Tropfen der Probelösung, einen Tropfen Reagenz und dann drei Tropfen Lauge. Die schon bei Tageslicht beobachtbare gelbe Fluoreszenz muß im ultravioletten Licht bestätigt werden können.

Empfindlichkeit

Sie ist von der Stärke des ultravioletten Lichtes abhängig. Wir fanden bei einer Grenzkonzentration von 1 μg/ml noch eine deutliche Fluoreszenz.

Bei Abwesenheit von Ionen, welche die Empfindlichkeit verringern, verdünne man die Lösung auf das 10 fache ihres Volumens.

Störungen

Nur wenige Stoffe geben eine bemerkenswerte Fluoreszenz, so gibt Li in großen Mengen eine leichte Fluoreszenz. Sc (III), das sich im alkalischen Medium leicht wieder löst, gibt eine schwache Fluoreszenz. Ebenso gibt viel Zink eine schwache Fluoreszenz, die aber bei Zugabe von Cyanid wieder verschwindet. Viel Ca (II) gibt eine sehr schwache Fluoreszenz, die bei Zugabe von Diphosphat wieder verschwindet.
Zahlreiche Hydroxide fallen im alkalischen Medium, und diese Niederschläge adsorbieren öfters Morin unter Fluoreszenz. Man muß also die Niederschläge nach der völligen Fällung und vor Zugabe des Reagenzes abtrennen.
Gefärbte Ionen mindern die Fluoreszenz; das sind aber nur wenige unter den gewählten Bedindungen: Cr (III) in der Konzentration von 5000 μg/ml reduziert die Grenzkonzentration auf 10 μg/ml. Die Edelmetalle, wie Au (III) und Pt (IV) sollten vorher abgetrennt sein. U (VI), W (VI), V (V) und V (IV) verringern die Empfindlichkeit.

SELTENE ERDEN – THORIUM

Fällung als Oxalate

Ausführung

Man trennt die seltenen Erden von den anderen Elementen durch Zugabe von Oxalsäure in 0,5N starker Säure bei 60° C ab. Die Oxalate der seltenen Erden und des Thoriums fallen aus. Zirkon fällt teilweise.

Störungen

Bi (III) und Sb (III) können ebenfalls in diesem Medium gefällt werden.

Empfindlichkeit

Grenzkonzentration: 700 μg/ml.

ALUMINIUM Al (III)

1. Aluminon

Reaktion

Das Aluminon (Ammoniumsalz der Aurintricarbonsäure) gibt mit Al (III) in schwach saurer Lösung eine rote kolloidale Verbindung.

Reagenzien

Wäßrige Lösung von Aluminon, 1 g/l,

Acetatpuffer:	Natriumacetat	56 g,
	Wasser	75 ml,
	Essigsäure	25 ml.

Bemerkung

Der Essigsäure-Acetat-Puffer löst allmählich Al aus der Glaswandung.

Ausführung

Man füge zu einem Tropfen der Probelösung auf einer Tüpfelplatte einen Tropfen Reagenz und zwei Tropfen Pufferlösung und warte einige Minuten.

Bei nur geringer Konzentration an Aluminium vergleiche man mit einer Blindprobe, bestehend aus dem Reagenz, der Pufferlösung und einem Tropfen Wasser.

Empfindlichkeit

Grenzkonzentration: 3 μg/ml.

Ist eine vorherige Trennung nicht nötig, so verdünne man die Probe auf das dreifache Volumen.

Störungen

Im allgemeinen sind Trennungen nötig, da eine beträchtliche Zahl von Ionen ebenfalls Färbungen hervorruft: a) starke Färbungen: Be (II), Fe (III), Ti (IV), Ga (III), Sc (III), b) schwache

Färbungen: Bi (III), B (III), Cr (III), Hg (II), Mo (VI), V (IV), Zr (IV), Th (IV).

Wieder andere Ionen stören durch ihre eigene Farbe, so Cu (II), Co (II) und V (V).

Schließlich zerstören oxidierende Ionen den Farbstoff: Pt (IV), Au (III) u. a. m.

Beseitigung der störenden Ionen.

a) durch Kupferron. Fe (III), Mo (VI), V (V), Ti (IV) und Ga (III) können vom Aluminium durch Kupferron in 1,5N HCl ($^1/_8$) getrennt werden. Die entstehenden Verbindungen und der Überschuß an Reagenz werden durch Extraktion mit Hilfe von Äthylacetat abgetrennt.

V (IV) und Fe (II) werden zuvor durch Oxidation in V (V) bzw. Fe (III) übergeführt.

Reagenzien

Wäßrige Lösung von Kupferron, 6 g/100 ml; frisch bereiten!

4NHCl ($^1/_3$); Äthylacetat;

Ausführung

Zu einem Tropfen der Probelösung in einem Spitzröhrchen füge einen Tropfen 4N HCl ($^1/_3$), zwei Tropfen Kupferron und rühre um. Dann gebe man 20—30 Tropfen Äthylacetat hinzu und schüttle durch. Mit einer trockenen Pipette sauge man die wäßrige Lösung unter dem Äthylacetat ab. Mit einem Tropfen dieser Lösung führe man den Versuch durch.

Die Trennung ist schnell und quantitativ.

Cu (II), Ni (II) und Co (II) können durch Zugabe von Cyanidlösung, 200 g/l, komplexiert werden.

Ausführung

Zu einem Tropfen auf der Tüpfelplatte füge man einen Tropfen Cyanidlösung. Man rühre um; der Niederschlag soll sich wieder auflösen. Dann setze man den Versuch wie oben beschrieben fort.

Die Edelmetalle werden, falls erforderlich, durch Reduktion abgetrennt. Unter diesen Bedingungen wird die Grenzkonzentration auf 30 μg/ml gebracht.

b) Beseitigung der störenden Ionen in alkalischer Lösung.

Ausführung

Zu einem Tropfen der Probelösung füge man vier Tropfen 2N-NaOH ($^1/_5$), lasse aufkochen und zentrifugiere ab. Mit einem Tropfen der so erhaltenen klaren Lösung führe man die Probe durch. Zur Sicherheit mache man einen Blindversuch mit einem Tropfen Lauge, einem Tropfen Reagenz und zwei Tropfen Pufferlösung.

Bemerkungen

zur Beseitigung der Störungen: Hat man die Trennung mit Kupferron gemacht, so kann nur noch Be (II), welches dann Al (III) begleitet, die Reaktion geben. Hat man aber die Trennung mit Lauge durchgeführt, so befindet sich Be (II) größtenteils beim Al (III) und auch Ga (III). Ist also Be (II) anwesend, so muß man Al (III) mit Hilfe von Säure-Chromblau suchen (s. u.). Ist auch Ga (III) anwesend oder wird mit seiner Anwesenheit gerechnet, so muß zunächst die Trennung mit Kupferron durchgeführt werden.

Bemerkungen

Bei der Reaktion mit Aluminon zeigt das Ausbleiben einer Reaktion im Acetatpuffer die Abwesenheit an von: Be (II) (3 μg/ml); Fe (III) (5 μg/ml); Ti (IV) (500); Ga (III) (7); Sc (III) (5); Cr (III) (5000); V (IV) (500); Zr (IV) (100) und Th (IV) (20). Bei der Fällung mit Kupferron zeigt das Ausbleiben einer solchen die Abwesenheit einer bedeutenden Gruppe von Ionen an (s. S. **14**).

2. Säure-Chromblau

Bei der Gegenwart von Beryllium versagt die Aluminonmethode selbst nach den angegebenen Trennungen. Alsdann dient folgende Methode.

Reaktion

Gewisse Farbstoffe, wie z. B. das Säure-Chromblau geben in schwach saurem Medium mit Al (III) eine charakteristische Fluoreszenz.

Reagenzien

Säure-Chromblau 2 R Bayer (Farbindex Nr. 202), 0,25 g/l Wasser.

Acetatpuffer:	Natriumacetat	56 g,
	Wasser	75 ml,
	Essigsäure	25 ml.
	Äthanol	

Ausführung

Zu zwei Tropfen Pufferlösung füge man einen Tropfen Farbstofflösung, einen Tropfen Probelösung und drei Tropfen Alkohol. Man erwärme etwas und beobachte im ultravioletten Licht. Bei Anwesenheit von Al (III) beobachtet man eine orangefarbene Fluoreszenz. Ein Blindversuch gibt zumeist eine vernachlässigbare Fluoreszenz. Die Versuche können in Glasröhrchen durchgeführt werden.

Empfindlichkeit

Die Empfindlichkeitsgrenze hängt von der Stärke des ultravioletten Lichtes ab. Bei der von uns gewählten Arbeitsweise beträgt sie: 0,01 μg/ml. Die Reaktion ist also sehr empfindlich.
Bei Abwesenheit von Ionen, welche die Empfindlichkeit beeinträchtigen, empfiehlt es sich, die Lösung vor dem Versuch auf etwa das 50fache ihres Volumens zu verdünnen.

Störungen

Nur wenige Ionen geben bemerkenswerte Fluoreszenzen; Ga (III) gibt eine rote, gleichempfindliche Fluoreszenz. Seine Abtrennung durch Kupferron s. S. 52.
Die gefärbten Ionen vermindern die Fluoreszenz und damit auch die Empfindlichkeit der Reaktion: Cr (III), U (VI) wenig; Co (II),

Mo (VI) bemerkenswert; Ni (II), Cu (II), Fe (III), Ti (IV) V (IV) und V (V) verhindern die Fluoreszenz.

Fe(II) stört, da es sich bei pH 4,5 an der Luft ziemlich schnell zu Fe (III) oxidiert..

Viel Arsensäure- oder Phosphorsäureionen, welche Al (III) fällen, vermindern oder verhindern die Fluoreszenz.
Stark oxidierende Ionen zerstören das Reagenz: Tl (III), Au (III), Pt (IV).

Bemerkung

Die Farbstoffe des Farbindexes Nr. 202 tragen verschiedene Handelsnamen: z. B. „Säurechromblau 2R Bayer", „Diamant echtdunkelblau RRL" usw.
Nachweis von Gallium: Gallium kann durch Säurechromblau in derselben Weise nachgewiesen werden, wenn Al abwesend ist.

ANTIMON Sb (III), Sb (V) und GALLIUM Ga (III)

[Tl (I) und Tl (III); Au (III)]

Rhodamin B

Reaktion

Rhodamin B (Diäthyl-m-aminophenolphthalein) gibt in stark saurer Lösung eine violette Verbindung, die mit Benzol extrahierbar ist: Ga (III), Sb (V), Tl (III), Au (III) und Fe (III).
Man mache zunächst einen Vorversuch, um auf das Vorhandensein dieser Elemente zu prüfen.

Reagenzien

Rhodaminlösung:	Rhodamin B	0,25 g,
	Wasser	250 ml,
	konzentrierte HCl	250 ml,

Benzol

Ausführung

Zu 2 Tropfen der Probelösung in einem Spitzröhrchen füge man 2 Tropfen Rhodaminlösung. Danach gibt man 10 Tropfen Benzol hinzu und schüttelt durch.

Eine Violettfärbung bzw. Rotviolettfärbung zeigt die Gegenwart eines oder mehrerer der nachfolgenden Ionen an:

Ga (III)	rotviolett, Grenzkonzentration	40 μg/ml
Sb (V)	violett	10 μg/ml
Tl (III)	violett	10 μg/ml
Au (III)	violett	10 μg/ml
Fe (III)	violett	250 μg/ml.

Nachweis des Ga (III): Falls die Reaktion positiv ist, reduziert man Fe (III), Sb (V), Tl (III) und Au (III) durch Ti (III) und wiederholt den Versuch, der nunmehr spezifisch auf Ga (III) ist.

Reagenzien

Titantrichlorid, 15%ige Lösung des Handels,
konz. Salzsäure.

Ausführung

In einem Spitzröhrchen wird zu einem Tropfen der Lösung ein Tropfen konz. Salzsäure und ein Tropfen Titantrichlorid hinzugegeben. Man läßt 15 Sekunden auf dem Wasserbad. Nach Abkühlen fügt man 2 Tropfen Rhodamin B und 10 Tropfen Benzol hinzu und schüttelt durch.

Nachweis des Sb (III) und Sb (V): Bei Abwesenheit von Gallium oxydiert man mit Hilfe von Ce (IV), um Sb (III) zu Sb(V) zu oxidieren und führt jetzt den Versuch durch. Falls Gallium vorhanden ist, trennt man es ab, wie weiter unten beschrieben.

Reagenzien

Konz. Phosphorsäure.
Cer(IV)-sulfat, 0,1 M Lösung,
oder Kaliumpermanganat 0,1 N Lösung.

Hydroxylammoniumchlorid, 10%ige Lösung,
Isopropyläther.

Ausführung

In einem Spitzröhrchen werden zu einem Tropfen Untersuchungslösung zwei Tropfen Cer(IV)-salz und ein Tropfen Hydroxylammoniumchlorid hinzugegeben, um den Überschuß des Cer(IV)-salzes zu reduzieren. Bei Anwesenheit von Eisen gibt man noch zwei Tropfen Phosphorsäure zur Maskierung hinzu, danach wie vorher beschrieben, zwei Tropfen Rhodamin B und 10 Tropfen Benzol. Schütteln.

Störungen

Au (III), Tl (I) und Tl (III) geben dieselbe Reaktion.

Abtrennung des Ga (III): Man kann Gallium als Chlorid durch Isopropyläther in Gegenwart von Titantrichlorid extrahieren. Sb (III) und ebenfalls Sb (V) und Tl (III), die nunmehr reduziert worden sind, werden nicht extrahiert.

Ausführung

In einem Spitzröhrchen werden zu einem Tropfen Lösung ein Tropfen konz. Salzsäure und ein Tropfen Titantrichlorid hinzugegeben. Man beläßt 15 Sekunden auf dem Wasserbad und extrahiert dreimal mit je einem ml Isopropyläther. Zwei Tropfen der wäßrigen Phase dienen zum Nachweis, wie vorher beschrieben.

ZINN Sn (IV)

Jod — Jodid — Stärkelösung

Reaktion

Sn (IV) wird durch Eisenpulver zu Sn (II) reduziert. Dies erweist sich durch die Entfärbung einer Jodstärkelösung.

Reagenzien

1. Jodstärkelösung: a) 10^{-3}N-Reagenz: Zu 1 ml einer 0,1N Jodlösung, erhalten aus 12,7 g Jod und 40 g KJ in 1 Liter Wasser, fügt man Stärkelösung, bis die blaue Farbe ihr Maximum erreicht hat und gibt noch einige ml als Überschuß hinzu. Das Ganze füllt man mit Wasser auf 100 ml auf.

b) $0{,}25 \cdot 10^{-3}$N. Ein Volumen des Reagenzes a) und drei Volumina Wasser.

Diese Reagenzien dürfen nur wenige Tage alt sein.

2. Eisenpulver,

3. konzentrierte Salzsäure.

Ausführung

Man behandele zunächst drei Tropfen der Probelösung mit einem Tropfen Salzsäure und ein wenig Eisenpulver, lasse eine Minute kochen und zentrifugiere oder lasse absitzen. Einen Tropfen der überstehenden Lösung bringe man in einen Tropfen des Reagenzes auf einer Tüpfelplatte. Bei Anwesenheit von Zinn findet sofort eine Entfärbung statt.

Bemerkung

Ist die Lösung zu stark salzsauer, so kann das Jod zum Teil durch die Bildung des komplexen J_2Cl^- maskiert sein. Dieses gibt keine Färbung mit der Stärkelösung. Man überzeuge sich davon, daß ein Tropfen des verwendeten Reagenzes durch Zugabe eines Tropfens 6N HCl nicht entfärbt wird. Ist dies wohl der Fall, so stelle man eine neue Lösung des Reagenzes mit frisch bereiteter Stärkelösung her. Die Blaufärbung von Jod ist mit alten Lösungen weniger empfindlich als mit frischen.

Empfindlichkeit

Grenzkonzentration

mit Reagenz a): 50 μg/ml, mit Reagenz b): 10 μg/ml.

Legt man keinen Wert auf große Empfindlichkeit, so kann man Reagenz a) verwenden, da es eine schärfere Reaktion gibt, besonders dann, wenn die Probelösung Ionen enthält, die durch ihre Eigenfarbe stören können.

Störungen

Da die verwendete Reaktion ein Redoxvorgang ist, kann eine kleine Zahl von Reduktionsmitteln stören. Auch können sich durch die Reduktion mit Eisen in saurer Lösung Stoffe bilden, die selbst wieder reduzierend wirken:

Cr (III) wird nicht reduziert und stört deshalb nicht, Cu (II) und Hg (II) werden zu den Metallen reduziert, sie stören aber nicht. Im Falle dieser beiden Ionen empfiehlt es sich, das Kochen der Lösung in Gegenwart von Eisen genügend lange durchzuführen, so daß die Reduktion nicht bei der Bildung von Cu (I) oder Hg (I) stehenbleibt, da diese stören.

U (VI) wird zu grünem U (IV) reduziert. Dies stört in genügend saurer Lösung nicht, da seine Reaktionsgeschwindigkeit mit Jod nur sehr klein ist. Der Versuch wird dann wie folgt durchgeführt: ein Tropfen der durch Eisen reduzierten Lösung wird mit einem Tropfen 12N HCl (konz.) vermischt. Dies Gemisch wird dann einem Tropfen des Reagenzes zugefügt.

Ti (IV) wird, zumindest teilweise, zu violetten Ti (III) reduziert. Es gilt hier das gleiche, wie für U (VI) gesagt, wie auch die gleiche Verfahrensweise.

W (VI) stört, es bildet durch Reduktion eine stark blaue Färbung, welche die Beobachtung der eigentlichen Reaktion verhindert. Es muß daher zuvor abgetrennt werden. Dies geschieht mit Hilfe von Cinchonin.

Reagenz

Lösung von:	Cinchonin	12,5 g,
	konz. Salzsäure	50 ml,
	Wasser	50 ml.

Ausführung

Man behandele zunächst fünf Tropfen der Probelösung mit einem Tropfen des Reagenzes, erhitze zum Sieden und füge alsdann das Eisenpulver hinzu, um die Reduktion durchzuführen. Es kann nur dann eine blaue Farbe auftreten, wenn die Fällung von W (VI) unvollständig war. Mit der reduzierten Lösung führe man den Versuch durch.

Empfindlichkeit

Grenzkonzentration mit Reagenz a): 100 μg/ml.

Mo (VI), V (V) und V (IV) werden zu Mo (III) bzw. V (II) oder V (III) reduziert; bei Gegenwart von Phosphaten wird Mo (VI) zu einem blauen Reduktionsprodukt reduziert. In allen diesen Fällen bekommt man eine langsame Entfärbung des Reagenzes, und die Reaktion ist zweifelhaft. Eine Trennung ist angebracht, insbesondere dann, wenn sich Molybdänblau bildet, da es die Reaktion maskiert.

Reagenz

Alkoholische Lösung von 20 g α-Benzoinoxim je Liter.

Ausführung

Liegt eine blau gefärbte Lösung von V (IV) vor, so oxidiere man zuerst durch einen Kristall Peroxodisulfat unter Kochen. Zu fünf Tropfen der Lösung füge man zwei Tropfen des Reagenzes. Man warte einige Minuten und zentrifugiere. Dann überzeuge man sich davon, daß ein weiterer Tropfen des Reagenzes nichts mehr ausfällt. Man trenne die überstehende Lösung ab und führe mit dieser die Reaktion durch.

Empfindlichkeit

Grenzkonzentration mit Reagenz a): 200 μg/ml.

Morin

Reaktion

Sn (IV) gibt in essigsaurem Medium mit Morin eine grüne Fluoreszenz. Eine vorherige Abtrennung durch Extraktion des Jodides ist im allgemeinen notwendig.

Reagenzien

Konz. Schwefelsäure
festes Kaliumjodid
Lösung von Jod in Benzol: 5 g Jod in 100 ml Benzol.
Natriumsulfitlösung, 5% in Wasser
Morinlösung: 50 mg in 100 ml Aceton
Essigsäure 1:1.

Ausführung

Zu einem Tropfen der Lösung gibt man einen Tropfen konz. Schwefelsäure und läßt abkühlen. Dann gibt man etwas Kaliumjodid hinzu. Nach erfolgter Auflösung wird mit 3—5 Tropfen der jodhaltigen Benzollösung ausgeschüttelt. Ein Tropfen der benzolischen Schicht wird auf Filterpapier gegeben und trocknen gelassen. Man bedampft 15 Sekunden mit Ammoniak und fügt dann einen Tropfen Sulfitlösung zur Entfärbung des Jods hinzu. Nach Zugabe von einem Tropfen Morin und einem Tropfen Essigsäure betrachtet man unter UV-Licht.

Empfindlichkeit

Grenzkonzentration: 10 μg/ml.

Störungen

Von den störenden Ionen, die ebenfalls mit Morin charakteristische Fluoreszenz geben, sind Al (III), Zr (IV), Sb (III) und weitere durch die Extraktion abgetrennt. Ge (IV), Ga (III) und In (III) geben die gleiche Reaktion.

URAN U (VI)

1. Kaliumhexacyanoferrat (II), $K_4[Fe(CN)_6]$

Reaktion

Das Hexacyanoferrat (II)-Ion fällt braunrotes Uranylhexacyanoferrat (II), $(UO_2)_2[Fe(CN)_6]$.

Reagenz

Lösung von 100 g $K_4[Fe(CN)_6]$ im Liter Wasser.

Ausführung

Man füge auf einer Tüpfelplatte zu einem Tropfen der Probelösung einen Tropfen des Reagenzes.

Empfindlichkeit

Grenzkonzentration: 100 μg/ml.

Störungen

Zahlreiche Ionen geben schwer lösliche, gefärbte Hexacyanoferrate (II). Die störendsten sind: Fe (III), welches Berlinerblau, und Cu (II), welches einen braunen Niederschlag gibt. Man reduziere sie vor der Probe durch einen Tropfen Kaliumjodidlösung, enthaltend 150 g Kaliumjodid im Liter, und füge einen Tropfen Thiosulfatlösung hinzu, bereitet aus 150 g Thiosulfat im Liter Wasser, um die Jodfärbung aufzuheben.
In der Mehrzahl der Fälle wird man genötigt sein, eine große Zahl von Ionen abzutrennen, und zwar durch Neutralisation und darauf folgende Fällung mit Alkalikarbonat im Überschuß. Letzteres dient dazu, das Uran als komplexes Karbonat in Lösung zu halten. Man füge zu einem Tropfen der Probelösung drei Tropfen einer Natriumkarbonatlösung, enthaltend 200 g/l und lasse eine Minute kochen. Man zentrifugiere, entnehme der Lösung einen Tropfen, füge zwei Tropfen 4N HCl ($^1/_3$) hinzu und führe den Versuch durch. Die Empfindlichkeit kann dann sehr vermindert sein.

Mo (VI) und Ti (IV) werden dabei nicht abgetrennt und geben braune Niederschläge.

Bemerkungen

über die Reaktionen mit Hexacyanoferrat (II). Fast alle Hexacyanoferrate (II) sind wenig löslich: Fe (III), blau; Cu (II), braun; Pb (II), weiß; Th (IV), weiß; Ni (II), grün; Co (II), graugrün; Zn (II), weiß; Mn (II), weiß; Cd (II), weiß; V (V), grün; Ag (I), weiß; Hg (I), weiß; Hg (II), weiß; Mo (VI), braun; Ti (IV), braun.

2. N[1], N[1]-Dimethyl-N[2]-salicyliden-p-phenylendiamin

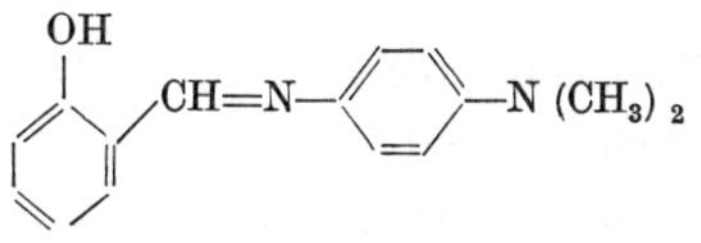

Reaktion

Eine Lösung des Reagenzes in Salicylaldehyd-Äthanol-Gemisch ergibt auf dem Tüpfelpapier mit Uranylionen eine Rotfärbung.

Reagenz

N[1], N[1]-Dimethyl-N[2]-salicyliden-p-phenylendiamin*) wird in einem 1:1 Gemisch von Salicylaldehyd und Äthanol aufgelöst, so daß eine gesättigte Lösung entsteht.

Ausführung

Man gebe 3—4 Tropfen der neutralen Reagenzlösung auf ein Tüpfelpapier und lasse eintrocknen. Jetzt tüpfele man mit 1 Tropfen der Untersuchungslösung. Eine Rotfärbung der Randzone zeigt Uranylionen an.

*) Bei Theodor Schuchardt-München unter dem Namen o-[N-[p-(Dimethylamino)-phenyl]-formimidoyl]-phenol Katalog-Nr. Di 866 erhältlich.

Empfindlichkeit

Grenzkonzentration: 1 μg Uranylion/1 Tropfen.

Störungen

Fe(III) gibt eine violette Färbung, Sn(II), Hg(II) und Bi(III) ergeben einen roten, Cu(II) einen braunroten Rand. Al(III) stört erst nach längerem Einwirken.

Umgehung der Störungen

Reagenzien
Natriumthiosulfatlösung, 15 g $Na_2S_2O_3 \cdot 5H_2O$/100 ml
Kaliumjodidlösung, 15 g KJ/100 ml.

Bei Anwesenheit von Fe(III) füge man zu 3 Tropfen der Untersuchungslösung 3 Tropfen Kaliumjodidlösung und tropfenweise Natriumthiosulfatlösung bis zur Entfärbung hinzu. Das entstandene Fe(II) stört nicht mehr.
Die Störungen durch Sn(II), Hg(II), Bi(III) und Cu(II) lassen sich durch Fällung mit H_2S-Wasser im sauren Bereich beseitigen.

Reagenzien

2 N HCl ($^1/_6$)
H_2S-Wasser
2 N Ammoniak ($^1/_6$).

Zu 3—5 Tropfen der Untersuchungslösung gibt man dasselbe Volumen an HCl, erwärmt im Wasserbad und fügt tropfenweise frisch bereitetes H_2S-Wasser bis zur vollständigen Fällung hinzu. Zentrifugieren! Das noch in der Lösung verbliebene H_2S wird durch Sieden ausgetrieben. Die klare Lösung wird mit NH_4OH auf pH 7 neutralisiert. Die oben angegebene Empfindlichkeit ist nun geringer.

CADMIUM Cd (II)

Cadmiumsulfid

Reaktion

Man verwende die Na_2S-Fällung des gelben Cadmiumsulfids. Die Ionen, deren Sulfide gefärbt sind, werden vorher abgetrennt oder durch Bildung von Komplexen maskiert.

Reagenzien

Kaliumcyanid, 200 g/l,
Natriumsulfid in gesättigter Lösung, etwa 60 g $Na_2S \cdot 9\ H_2O$/100 ml.

Ausführung

In einem Spitzröhrchen füge man zu einem Tropfen der Probelösung zwei Tropfen konzentriertes Ammoniak. Ist Mn (II) zugegen, so füge man einen Kristall Peroxodisulfat hinzu und lasse aufkochen. Nach erneuter Zugabe eines Tropfens Ammoniak zentrifugiere man. Nach Umfüllen der Lösung in ein zweites Spitzröhrchen füge man einen Tropfen der Cyanidlösung zu. Diese Lösung muß klar sein; wenn nicht, so füge man noch einen Tropfen Cyanid hinzu. Von dieser Lösung gibt man einen Tropfen in zwei Tropfen der Sulfidlösung in einem Spitzröhrchen. Es fällt gelbes CdS. Man warte und zentrifugiere, um den Niederschlag zu sammeln und ihn besser sichtbar zu machen. Bildet sich ein schwarzer Niederschlag, so füge man einen weiteren Tropfen Cyanidlösung zu der vorher erhaltenen, aber noch sulfidfreien Lösung. Von ihr entnimmt man einen Tropfen, um den Versuch mit dem Sulfid zu wiederholen.

Empfindlichkeit

Grenzkonzentration: 100 μg/ml. Ein großer Überschuß an Cyanid vermindert die Empfindlichkeit.

Störungen

Auf diese Weise ist die Reaktion spezifisch, aber man verwechsle den Niederschlag nicht mit weißem ZnS, das ebenfalls ausfällt. Schwarzes HgS, das in kleinen Mengen erscheint, löst sich in Na_2S wieder auf; ebenso löst sich As_2S_3.

Erscheint ein schwarzer Niederschlag, so handelt es sich um Ni (II), welches ungenügend durch CN^- komplexiert wurde. Man wiederhole den Versuch in Gegenwart von mehr Cyanid.

Bemerkung

über die Reaktion. Weißes ZnS fällt unter denselben Bedingungen (200 μg/ml). Bei Abwesenheit von CdS ist es zu beobachten.

BLEI Pb (II)

Blei-Ionen existieren in nur geringer Konzentration in der salzsauren Lösung, weniger als 2000 μg/ml; $PbCl_2$ ist wenig löslich. Zum Nachweis von Blei in nicht salzsaurer Lösung s. S. 80.

Bleisulfid

Reaktion

Na_2S fällt schwarzes Bleisulfid; es kann zur Charakterisierung des Bleis nach Abtrennung zahlreicher störender Ionen verwendet werden.

Reagenzien

Gesättigte Natriumsulfidlösung, etwa 60 g $Na_2S \cdot 9H_2O$/100 ml,
4N Natronlauge ($^2/_5$),
Kaliumcyanidlösung, etwa 200 g/l.

Ausführung

Um die störenden Ionen zu beseitigen, verfahre man wie folgt: Man füge zu einem Tropfen der Lösung vier Tropfen Lauge, lasse aufkochen und zentrifugiere. Diese Lösung muß farblos sein, sonst verdünne man sie, lasse wieder aufkochen und zentrifugiere von neuem. Einen Tropfen dieser Lösung gebe man zu einem Tropfen der Cyanidlösung plus einem Tropfen der Sulfidlösung. Ein schwarzer Niederschlag zeigt die Anwesenheit von Blei an.

Empfindlichkeit

Im allgemeinen beträgt die Empfindlichkeit 200 μg/ml, wenn Hydroxide gefällt wurden.

Störungen

Tl (I) stört; man kann es vorher durch Oxidation in Tl (III) überführen. Bi (III) stört.

KALIUM K (I)

Kalium-Natrium-Hexanitrocobaltat (III)

Reaktion

Eine konzentrierte Lösung von Natriumhexanitrocobaltat (III) gibt mit schwach sauren Lösungen von Kaliumsalzen einen gelben Niederschlag von Kalium-Natrium-Hexanitrocobaltat. Die Ionen, welche als Hydroxide oder Phosphate fallen können, werden durch ÄDTA komplexiert.

Reagenzien

1. Natriumhexanitrocobaltat (III)-Lösung:

Natriumacetat 56 g,
Wasser 75 ml,
Essigsäure 25 ml,
Natriumhexanitrocobaltat (III) 20 g.

Man löse die angegebenen Reagenzien in dieser Reihenfolge. Das braune Reagenz zersetzt sich langsam unter

Rückbildung von Co (II), rosa; es ist dann unbrauchbar.
2. ÄDTA (Dinatriumsalz der Äthylendiamintetraessigsäure) 100 g in 1 l Wasser.

Ausführung

Zu einem Tropfen der Probelösung in einem Spitzröhrchen füge man einen Tropfen der ÄDTA-Lösung und vier Tropfen der Hexanitrocobaltatlösung. Warten.

Empfindlichkeit

Grenzkonzentration: 70 μg/ml.

Störungen

NH_4^+, Cs^+ und Rb^+ geben dieselbe Reaktion. NH_4^+ kann durch vorheriges Kochen in alkalischem Medium beseitigt werden.
Man gebe zu einem Tropfen der Probelösung drei Tropfen 4N NaOH ($^2/_5$) und lasse eine Minute kochen. Man überzeuge sich mit Hilfe eines mit NESSLER-Reagenz (s. S. 15) getränkten Filtrierpapieres davon, daß kein NH_3 mehr entweicht. Dann füge man zwei Tropfen konzentrierte Essigsäure und einen Tropfen ÄDTA hinzu und lasse abkühlen. Füge sechs Tropfen der Hexanitrocobaltatlösung hinzu und warte.

Enthält die Lösung einen Überschuß an Sn (IV), so fällt dieses als Hydroxid im Laufe der Beseitigung des NH_4^+ im alkalischen Medium aus. Ein wenig Hydroxid kann in Gegenwart der ÄDTA-Lösung schwer löslich in der essigsauren Lösung verbleiben. Man zentrifugiere, trenne die überstehende Lösung ab und füge ihr sechs Tropfen der Hexanitrocobaltatlösung zu, wie vorher beschrieben.

In Gegenwart großer Mengen Antimon erhält man bisweilen einen weißen Niederschlag. Man gibt dann einen Überschuß an ÄDTA hinzu. Kein anderes der häufiger vorkommenden Ionen stört.

NATRIUM Na(I)

Uranyl-Zink-Natriumtripelacetat

Reaktion

Das Uranyl-Zink-Acetat gibt in schwach saurer Lösung einen gelben, fluoreszierenden Niederschlag des Tripelacetats von Uranyl-Zink-Natrium.

Reagenz

Lösung von:	Uranylacetat, 10 g, $UO_2(CH_3COO)_2 \cdot 2H_2O$	
	Zinkacetat, 10 g, $Zn(CH_3COO)_2 \cdot 2H_2O$	
	Essigsäure	15 ml,
	Wasser	80 ml.

Ausführung

Man gebe einen Tropfen der Lösung auf ein 3 bis 4 mm breites Zünglein aus gehärtetem Filtrierpapier, trockne es über einer kleinen Flamme und gebe einen Tropfen des Reagenzes auf denselben Punkt des Papiers, jedoch so, daß es auf einer breiteren Fläche durchfeuchtet wird als die des vorhergehenden Tropfens. Man beobachtet im ultravioletten Licht. Bei Anwesenheit von Natrium erscheint die Zone des ersten Tropfens fluoreszierend. — Man vergewissere sich durch einen Blindversuch.

Empfindlichkeit

Grenzkonzentration: ungefähr 20 μg/ml. Sie ist von der Stärke des ultravioletten Lichtes abhängig.

Störungen

K^+ gibt einen kristallinen Niederschlag, wenn seine Konzentration 4000 μg/ml übersteigt, und zwar mit einer sehr schwachen Fluoreszenz. Um seine Hauptmenge zu beseitigen, füge man, wenn nötig,

Perchlorsäure hinzu und zentrifugiere das Kaliumperchlorat ab. Li^+ stört, wenn seine Konzentration größer als 600 μg/ml ist, sein Niederschlag ist leicht fluoreszierend.
Ca (II) und Be (II) im Überschuß (10000 μg/ml) geben Niederschläge, deren Fluoreszenz nur schwer erkennbar ist. Sie stören also im allgemeinen nicht.
H_3PO_4, H_3AsO_4 und Molybdänsäure geben mit Uran einen fluoreszierenden Niederschlag, der beim Phosphat stark, und bei den beiden anderen schwach leuchtet.
Um Phosphat und Arsenat abzutrennen, füge man zu einem Tropfen der Probelösung in einem Probierröhrchen einen Tropfen $TiCl_4$-Lösung, die man aus 100 g $TiCl_4$ in einem Liter 1N HCl bereitet. Man lasse kochen und zentrifugiere. Mit der überstehenden Lösung führe man den Versuch durch. Titanphosphat oder -arsenat, welche verteilt in der Lösung verbleiben, stören nicht.
Mo (VI) kann durch Reduktion beseitigt werden, indem man zu einem Tropfen der Lösung in einem Spitzröhrchen einen Kristall Zinn(II)-chlorid gibt. Man durchfeuchtet das Filtrierpapier mit der so reduzierten Lösung und führt den Versuch wie oben beschrieben durch.
Co (II) verringert die Fluoreszenz und erhöht damit die Empfindlichkeitsgrenze. Andere Ionen, wie Fe (III), Ni (II), zeigen einen ähnlichen Effekt, wenn sie sehr konzentriert vorliegen.
Man kann Phosphat oder Arsenat auch mit Hilfe von Bleiacetat abtrennen.

Reagenzien

Bleiacetat, 25 g $Pb(CH_3COO)_2 \cdot 3H_2O$ in 100 ml Wasser, 2—3 ml conc. Essigsäure hinzufügen.
Ammoniumacetat, 300 g/l.

Ausführung

Zu einem Tropfen der Lösung füge man 2 Tropfen Ammoniumacetat und 1 Tropfen Bleiacetat. Man beläßt eine Minute auf dem

Wasserbad und entnimmt der Lösung einen Tropfen. Auf einem gehärteten Filtrierpapierstreifen führt man die oben angegebene Reaktion aus.

MAGNESIUM Mg(II)

Thiazolgelb (Titangelb)

Reaktion

Magnesiumhydroxid hat die Eigenschaft, zahlreiche Farbstoffe zu adsorbieren, insbesondere Thiazolgelb, das von gelb in rot übergeht. Je nach der Magnesiumkonzentration erhält man eine Färbung oder Fällung.

Die Mehrzahl der übrigen Ionen, welche gleichzeitig mit dem Magnesium gefällt werden können, werden durch ÄDTA in Lösung gehalten. Fügt man einen Überschuß an Bariumsalz hinzu, so verhindert dieses die Komplexierung des Magnesiums, da der Magnesiumkomplex sich infolge geringerer Stabilität dann nicht bilden kann.

Reagenzien

Frisch bereitete Lösung von ÄDTA (Dinatriumsalz der Äthylendiamintetraessigsäure):

ÄDTA	10 g,
konzentriertes NaOH	15 ml,
Wasser	45 ml.

Thiazolgelb, wäßrige Lösung von 1 g/l.
Bariumnitrat, gesättigte Lösung, etwa 85 g/l.

Ausführung

Zu einem Tropfen der Probelösung füge man acht Tropfen ÄDTA und belasse während einer Minute auf dem Wasserbad. Eine Trübung zentrifugiert und trennt man ab. Zur Lösung fügt man einen Tropfen Thiazolgelb und teilt die so erhaltene Lösung in zwei gleiche Teile. In den einen gibt man sechs Tropfen $Ba(NO_3)_2$, in den anderen (Vergleichsteil) sechs Tropfen Wasser. Man vergleiche die Färbungen der beiden Teile.

Ist der Gehalt an Mg (II) hoch genug, so ist der Vergleich überflüssig.

Empfindlichkeit

Grenzkonzentration: 20 μg/ml.

Störungen

Unter diesen Bedingungen geben nur Mn (II) und U (VI) dieselbe Reaktion. Fe (III) fällt als Hydroxid und maskiert die Färbung. Hg (II), Al (III), Cr (III) und Be (II) behindern die Reaktion stark. Hg (II) wird komplexiert durch Zugabe eines Tropfens einer Lösung von Kaliumcyanid, 200 g/l, vor dem Zusetzen des Thiazolgelbs.

Mn (II) und Cr (III) werden oxidiert zu Mn (IV), welches ausfällt, beziehungsweise Cr (VI), welches weiter nicht stört: zu einem Tropfen der Lösung füge man zwei Tropfen H_2O_2, 3%ig, und darauf langsam acht Tropfen ÄDTA. Man beläßt während 2 Minuten auf dem Wasserbad, zentrifugiert, fügt zur überstehenden Lösung einen Tropfen Thiazolgelb und verfährt weiter wie oben beschrieben.

Al (III) und U (VI) müssen durch Oxin im Acetatpuffer extrahiert werden. Dazu füge man in einem Proberöhrchen zu einem Tropfen der Probelösung vierzig Tropfen einer Oxinlösung, enthaltend 40 g Oxin in 1 Liter Chloroform, dazu drei Tropfen des bei der Al-Suche beschriebenen (s. S. 51) Acetatpuffers. Man rühre 30 Sekunden lang, zentrifugiere, entnehme die überstehende wäßrige Lösung mittels einer Pipette und führe mit ihr den Versuch durch.

Be (II) kann im Ammoniakpuffer als Hydroxid gefällt werden. Man füge zu einem Tropfen der Probelösung einen Tropfen 6N Ammoniak (½), zentrifugiere und führe die Probe an der überstehenden Lösung durch.

Die Grenzkonzentration bleibt immerhin hoch genug (300 μg/ml Mg(II) neben 10000 μg/ml Be(II)).

Die Erdalkalien stören nicht, solange die Ausfällung der entsprechenden Karbonate vermieden wird, da diese Farbstoff adsorbieren und ebenfalls einen Umschlag der Farbe nach rot bewirken. Deshalb muß die ÄDTA-Lösung frisch bereitet sein und die Lauge so karbonatfrei wie möglich. Auch soll die Versuchslösung nicht länger als eine Minute auf dem Wasserbad bleiben.

BARIUM Ba (II)

Vorversuche und Fällung der Erdalkali-Sulfate

Reaktion

Man bedient sich der Schwerlöslichkeit der Sulfate von Barium und Strontium.

Reagenzien

2N HCl ($^1/_6$),
gesättigte Lösung von Ammoniumsulfat, 400 g/l.

Ausführung

Man füge zu zwei Tropfen der Probelösung in einem Spitzröhrchen einen Tropfen Salzsäure und zwei Tropfen Ammoniumsulfat und belasse 5 Minuten auf dem Wasserbad. Ein weißer Niederschlag zeigt die Anwesenheit von Ba (II), Sr (II) oder Ca (II) an.

Empfindlichkeit

Grenzkonzentration: 100 μg/ml Ba (II),
300 μg/ml Sr (II),
3000 μg/ml Ca (II).

Störungen

Pb (II) gibt ebenfalls einen solchen Niederschlag, wenn seine Konzentration mehr als 200 μg/ml beträgt.

Bemerkung

Spuren von Phosphaten des Titans und des Zirkons können kolloidal verteilt in der Lösung vorhanden sein. Sie fallen beim Erwärmen der Lösung aus. Man kann Titan und Zirkon zuvor durch Extraktion des Kupferronats mit Äthylacetat abtrennen. Man verfahre dabei wie beim Aluminium, Seite 52 beschrieben. Dann führe man den Versuch an zwei Tropfen der so erhaltenen wäßrigen Lösung durch, ohne neue Salzsäure zuzufügen.

Fällung als Chromat

Reaktion

Das gelbe Bariumchromat wird in einem Acetatpuffer gefällt. Die beim p_H-Wert dieses als Hydroxide fallenden Ionen werden durch ÄDTA komplex in Lösung gehalten; das Barium selbst wird aus dem ÄDTA-Komplex durch einen Überschuß an Mg (II)-Ionen freigesetzt.

Reagenzien

ÄDTA-Lösung (Dinatriumsalz der Äthylendiamintetraessigsäure): 10 g/l Wasser,
$MgCl_2$-Lösung, 200 g $MgCl_2 \cdot 6H_2O$ je Liter,
Ammoniumacetatlösung, 300 g/l,
Kaliumchromatlösung, 300 g/l.

Ausführung

Man gebe zu einem Tropfen der Probelösung in einem Spitzröhrchen zwei Tropfen der ÄDTA-Lösung und belasse es 15 Sekunden lang auf dem Wasserbad. Dann füge man einen Tropfen der $MgCl_2$-Lösung, ferner vier Tropfen der Ammoniumacetatlösung und zwei Tropfen der Chromatlösung hinzu. Man erwärme 1 bis 2 Minuten lang auf dem Wasserbad.

Empfindlichkeit

Grenzkonzentration: 200 μg/ml.

Störungen

die Reaktion ist spezifisch.

As (III) und Sb (III) reduzieren die Empfindlichkeit auf 1000 μg/ml, wenn sie mit 10000 μg/ml vorliegen. Man kann sie durch Oxidation ausschalten. Dazu gebe man zu einem Tropfen der Lösung in einem Spitzröhrchen so viel Kaliumpermanganatlösung (10 g/l) hinzu, bis die violette Färbung bestehenbleibt. Im allgemeinen genügt ein Tropfen derselben. Man verfahre alsdann wie oben beschrieben. Aber nach der Zugabe des Chromats warte man 3 bis 4 Minuten, bis die Lösung kalt ist.

Jetzt dürfte die Sb (III)-Konzentration unterhalb 3000 μg/ml liegen. Bei hohen Konzentrationen ist allerdings der Sb (V)-Komplex mit der ÄDTA-Lösung nicht beständig genug, um die Fällung von Hydroxid zu verhindern.

STRONTIUM Sr (II)

Fällung als Sulfat

Siehe die Versuche der Fällung als Sulfate. S. 73.

Reaktion

Man fällt das Strontium als weißes Sulfat.

Reagenzien

4N HCl (1/3),
Ammoniumsulfat in gesättigter Lösung (etwa 400 g/l).

Ausführung

Zu zwei Tropfen der Probelösung in einem Spitzröhrchen gebe man einen Tropfen der 4N Säure, dann zwei Tropfen Ammoniumsulfatlösung und belasse 5 Minuten auf dem Wasserbad.

Empfindlichkeit

Grenzkonzentration: 300 μg/ml.

Störungen

Ist Ca (II) in höherer Konzentration als 3000 μg/ml vorhanden, so gibt es ebenfalls einen Niederschlag. Man verdünne auf das Zwei- bis Dreifache.

Ba (II) und Pb (II) geben dieselbe Reaktion. In diesem Falle fälle man das Barium zunächst als Chromat und halte das Blei mit ÄDTA in Lösung. Man verfahre wie bei der Aufsuche von Ba (II), s. S. 74. Nachdem das Bariumchromat sich abgesetzt hat (Wasserbad), zentrifugiere und entnimm der überstehenden Lösung drei Tropfen. Ihnen füge zwei Tropfen der gesättigten Ammoniumsulfatlösung zu und erwärme 15 Sekunden lang auf dem Wasserbad. Gib drei Tropfen Alkohol hinzu, lasse abkühlen und warte. Führe eine Vergleichsprobe durch, da Ammoniumsulfat ausfallen kann.

Empfindlichkeit

Grenzkonzentration: 500 μg/ml.

Für den Nachweis kleiner Mengen Strontium stören Spuren von ausflockendem Titan- und Zirkonphosphat. Siehe dazu die *Bemerkungen* zur Fällung der Erdalkalisulfate S. 74.

CALCIUM Ca (II)

1. Fällung als Oxalat

Reaktion

Man fällt weißes Calciumoxalat bei pH 4,0. Die möglicherweise als Hydroxide oder Oxalate ausfallenden Elemente werden durch ÄDTA in Lösung gehalten. Dabei verhindert ein Überschuß an Aluminiumnitrat die Komplexierung des Calcium selbst.

Reagenzien

1. ÄDTA-Lösung (zweibasiges Salz der Äthylendiamintetraessigsäure), 100 g/l Wasser.
2. wäßrige Lösung von Aluminiumnitrat (100 g $Al(NO_3)_3 \cdot 9\,H_2O$ im Liter).
3. Acetatpuffer: Natriumacetat 10 g,
   Essigsäure, rein 20 ml,
   Wasser 75 ml.
4. Kaliumoxalatlösung, 200 g/l.

Ausführung

Zu einem Tropfen der Probelösung füge einen Tropfen ÄDTA-Lösung einen Tropfen Aluminiumnitratlösung, vier Tropfen Pufferlösung und dann zwei Tropfen Oxalat. Belasse 5 Minuten auf dem Wasserbad.

Empfindlichkeit

Grenzkonzentration: 300 μg/ml.

Störungen

Ba (II) und Sr (II) geben unter den gleichen Bedingungen dieselbe Reaktion. Man muß sie aus saurer Lösung als Sulfate fällen, und zwar derart, daß die größte Menge an Calcium in Lösung bleibt. Dazu verfahre man wie bei der Fällung der Sulfate (S. 73). Man zentrifugiere und entnehme einen Tropfen der überstehenden Lösung und weise das Calcium, wie oben beschrieben, nach. Spuren von fein verteiltem Titan- oder Zirkonphosphat, die in der Lösung verbleiben, hindern den Nachweis kleiner Mengen an Calcium. Siehe dazu die Bemerkung über die vorherige Fällung der Erdalkalisulfate (S. 74).

2. Glyoxal-bis-(2-hydroxy-anil)*)

Reaktion

In alkalischer natriumcarbonathaltiger Lösung gibt Ca mit Glyoxal-bis-(2-hydroxyanil) einen roten Komplex, der in Chloroform löslich ist.

Reagenzien

1. Gesättigte äthylalkoholische Lösung von Glyoxal-bis-(2-hydroxyanil).
2. 10% NaOH ($^1/_4$).
3. 10% Lösung von Na_2CO_3.
4. Chloroform.
5. 10 g NaOH und 10 g NaCN in 100 ml Wasser.

Ausführung

Zu einem Tropfen der sauren oder neutralen Probelösung gibt man in einem Spitzröhrchen vier Tropfen des organischen Reagenzes, einen Tropfen NaOH, einen Tropfen Na_2CO_3 und extrahiert mit drei bis vier Tropfen Chloroform. Weitere Zugabe von einigen Tropfen Wasser beschleunigt die Trennung der zwei Phasen. Rotfärbung des Chloroforms zeigt Calcium an. Bei sehr geringen Ca-Mengen empfiehlt sich eine Blindprobe.

Empfindlichkeit

Grenzkonzentration: 1 μg/ml.

Störungen

Der Nachweis von 1 Teil Calcium ist möglich neben: Sr (II) (100 Teile), Ba (II) (80), Mg (II) (35), Pb (II) (25), Fe (III) (50), Al (III) (1000), Phosphat (100).

Bei Anwesenheit von Cd (II), Cu (II), Ni (II) und Co (II) arbeitet man wie oben angegeben, nur nimmt man Lösung 5 (NaOH + NaCN) anstelle von Lösung 2 (NaOH) zum Alkalischmachen, wodurch die genannten Ionen komplexiert werden.

*) D. Goldstein u. C. Stark-Mayer. Analytica Chimica Acta **19**, 437 (1958)

Nachweis derjenigen Ionen, die in salzsaurer Lösung nicht vorhanden sind.

THALLIUM Tl (I)

Das Verfahren gestattet auch den Nachweis von Tl (III).

Thalliumjodid

Reaktion

Das Thallium kann in der Ausgangslösung nachgewiesen werden. Die Zugabe von Jodid gibt eine Fällung von gelbem TlJ; Tl (III) gibt dabei TlJ neben freiem J_2.

Reagenz

Lösung von KJ, 150 g/l.

Ausführung

Man füge zu einem Tropfen der Lösung in einem Spitzröhrchen einen Tropfen der Jodidlösung.

Empfindlichkeit

Grenzkonzentration: 60 μg/ml.

Störungen

Ag (I), Hg (I), Cu (II) und Pb (II) fallen ebenfalls als Jodide. Man komplexiere Ag (I), Cu (II) und Pb (II) durch Zugabe eines Tropfens Weinsäure (150 g/l) und eines Tropfens Kaliumcyanid (200 g/l).
Se und Te fallen ebenfalls und stören.
Oxydantien einschließlich von Tl (III) setzen ebenfalls J_2 frei, das aber bei Gegenwart von Cyanid verschwindet.

Bemerkungen

über die Jodid-Reaktion. In verdünnt saurer Lösung zeigt das Ausbleiben einer Fällung mit überschüssigem Jodid die Abwesenheit folgender Metallionen an: Tl (III) und Tl (I); Pb (II) (400 μg/ml); Hg (I) (400); Ag (I) (300); Se (IV); Te (IV); Au (III) und Pd (II). Cu (II) gibt eine gelbe Färbung von freiem Jod, wenn seine Konzentration höher als 30 μg/ml ist, oder es gibt eine Fällung, wenn sie höher als 100 μg/ml ist. Hg (II) gibt eine rote Fällung, welche sich im Überschuß an Jodid wieder löst.

Die komplexen Jodide von Bi (III) sind orangefarben (40 μg/ml). Diese Färbung verschwindet auf Zusatz von Thiosulfat nicht. Die Komplexe der Metalle der Platingruppe sind orange bis braun. Gewisse Oxidantien, wie Fe (III), Mo (VI) u. a., setzen Jod in Freiheit, welches auf Zusatz von Thiosulfat verschwindet.

BLEI Pb (II)

Bleichlorid

Reaktion

Das in der Hitze lösliche Bleichlorid kristallisiert beim Abkühlen in weißen Blättchen aus.

Ausführung

Zu fünf Tropfen der Lösung fügt man einen Tropfen 4N HCl ($^1/_3$), bringt die Lösung zum Sieden und zentrifugiert schnell. Nach Abtrennen der Lösung lasse man abkühlen: es kristallisieren die charakteristischen Blättchen oder Nadeln aus.

Empfindlichkeit

Grenzkonzentration: 2000 μg/ml.

Ein Teil Pb (II) bleibt in Lösung; man kann es nach der oben (s. S. 66) beschriebenen Methode als PbS feststellen, nachdem man von den weniger löslichen Chloriden abgetrennt hat.

Störungen

TlCl fällt unter den gleichen Bedingungen; in Gegenwart von Bromwasser ist es löslich.

SILBER Ag (I)

Silberchlorid und Amminkomplex

Reaktion

Der durch den Zusatz von HCl (s. Blei) erhaltene Niederschlag enthält Silber als Chlorid zusammen mit Thallium(I)-chlorid, Quecksilber(I)-chlorid, Wolframsäure und den basischen Salzen des Wismuts, Antimonsäure usw. Er wird mit Ammoniak aufgenommen, wobei das Silber als Amminkomplex in Lösung geht. Man kann es als Jodid wieder ausfällen.

Reagenzien

6N Ammoniak ($^1/_2$),
Kaliumjodid, 150 g/l.

Ausführung

Man füge zu dem Niederschlag fünf Tropfen Ammoniak, schüttle um und zentrifugiere. Man gieße die Lösung ab und füge ihr einen Tropfen Jodidlösung zu. Ein weißer Niederschlag zeigt Silber an.

Empfindlichkeit

Grenzkonzentration: 10 μg/ml.

QUECKSILBER Hg (I)

Quecksilber (I)-chlorid

Reaktion

Das wenig lösliche Quecksilber(I)-chlorid ist in dem anfänglich erhaltenen Niederschlag enthalten. Bei dem Nachweis des Silbers durch Zugabe von Ammoniak wird es zum Teil in schwarzes metallisches Quecksilber übergeführt.

Empfindlichkeit

Grenzkonzentration: 200 μg/ml.

ZWEITER TEIL

QUALITATIVE ANALYSE DER ANIONEN

Allgemeines

1. Die Untersuchungslösung ist neutral oder alkalisch

Sie kann folgende Anionen enthalten:

F^-, Cl^-, Br^-, J^-, ClO^-, ClO_3^-, BrO_3^-, JO_3^-, ClO_4^-, JO_4^-;
S^{2-}, SO_3^{2-}, $S_2O_3^{2-}$, SO_4^{2-}, $S_2O_8^{2-}$;
NO_2^-, NO_3^-;
PO_4^{3-};
$C_2O_4^{2-}$, CO_3^{2-}, CN^-, $Fe(CN)_6^{3-}$, $Fe(CN)_6^{4-}$, SCN^-;
SiO_3^{2-}, SiF_6^{2-};
BO_2^-;

und weitere organische Säurereste, auch einige Anionen, die sich von Metallen ableiten, sowie Komplexe.

Wichtige Bemerkung: Einige oxidierende und reduzierende Anionen können im neutralen oder alkalischen Gebiet nebeneinander existieren. Sobald man die Lösung aber ansäuert, reagieren sie miteinander, wodurch die ursprüngliche Zusammensetzung des Anionengemisches weitgehend verändert wird. Auf derartige Reaktionen wird im speziellen Teil jeweils hingewiesen, wie auch auf jene Ionen, die selbst in neutraler oder alkalischer Lösung nicht nebeneinander beständig sind.

2. Die Untersuchungslösung ist sauer

Sie kann folgende Komponenten enthalten:

ClO_4^-, Cl^-, Br^-, J^-, F^-, ClO_3^-, BrO_3^-, JO_3^-, SO_4^{2-}, NO_3^-, $H_2PO_4^-$, $C_2O_4^{2-}$, SCN^-, JO_4^-, $[Fe(CN)_6]^{4-}$, $[Fe(CN)_6]^{3-}$, $[SiF_6]^{2-}$, H_3BO_3
und organische Säuren.

Man prüft auf diese Komponenten, wie im speziellen Teil angegeben. Jedoch können einige Metallionen den Nachweis stören. Man vermeidet die Störung, in dem man die Lösung alkalisch macht (bis zum Umschlag von Phenolphthaleinpapier.)

VORVERSUCHE

Es empfiehlt sich, vor Beginn der Anionennachweise zu prüfen, ob 1. in 4N salpetersaurer Lösung schwerlösliche Silbersalze und 2. in 4n salzsaurer Lösung bzw. in neutraler Lösung schwerlösliche Bariumsalze ausfallen.

1. Fällung von Silbersalzen

Reagenzien

2%ige Silbernitratlösung
4N Salpetersäure ($^1/_4$).

Ausführung

Zu zwei Tropfen der neutralen Lösung fügt man 1 Tropfen Säure und einen Tropfen Silbernitrat. Man beläßt 30 Sekunden auf dem Wasserbad. Es fallen aus: Schwarzes Ag_2S (Erfassungsgrenze 10 μg/ml), weißes AgCN (50 μg/ml), löslich im Überschuß von Cyanid, weißes AgSCN (25 μg/ml), weißes Hexacyanoferrat (II) (100 μg/ml), orangefarbenes Hexacyanoferrat (III) (100 μg/ml), weißes $AgJO_3$ (300 µg/ml), weißes AgCl (10 µg/ml), gelbliches AgBr (20 µg/ml), gelbes AgJ (20 µg/ml).

$S_2O_3^{2-}$ gibt einen gelben, braun werdenden Niederschlag, der sich allmählich in schwarzes Sulfid verwandelt.

Hypochlorite disproportionieren in Chlorat und Chlorid, welches als Silbersalz ausfällt. Doch ist in Hypochloritlösungen sowieso stets Chloridion anwesend.

Löslichkeit in Ammoniak

Gibt man zu der Lösung mit den gefällten Silbersalzen konzentriertes Ammoniak, so bleiben einzig ungelöst: Hexacyanoferrat (II), Jodid und Sulfid.

Bemerkung

Einige Anionen können Ag^+ komplex binden, was zu Fehlschlüssen führen würde. Es muß dementsprechend ein genügend großer Überschuß an Ag^+ vorhanden sein.

Einige Anionen werden beim Ansäuern zerstört.

2. Löslichkeit von Bariumsalzen

a) in verd. Salzsäure geben schwerlösliche Bariumsalze:

SO_4^{2-}, SiF_6^{2-}, JO_3^- und F^- (in konz. Lösung).

b) Lösliche Bariumsalze:

NO_3^-, ClO_3^-, ClO_4^-, $S_2O_8^{2-}$ (gibt in der Wärme $BaSO_4$), NO_2^-, S^{2-}, CH_3COO^-, Cl^-, ClO^-, ClO_2^-, Br^-, J^-, CN^-, $[Fe(CN)_6]^{4-}$, $[Fe(CN)_6]^{3-}$, SCN^-, N_3^-.

c) Die übrigen Anionen:

CO_3^{2-}, PO_4^{3-}, BO_2^-, BrO_3^-, $S_2O_3^{2-}$, SO_3^{2-} sowie CrO_4^{2-} und MnO_4^-

geben in neutraler Lösung Niederschläge, die sich in verd. Salzsäure auflösen.

SULFID (S^{2-})

Die Untersuchungslösung ist alkalisch

1. Fällung als Silbersulfid

Reaktion

In Gegenwart von Cyanid wird Ag^+ so weit komplexiert, daß kein weiteres Silbersalz, sondern nur noch schwarzes Silbersulfid ausfällt.

Reagenzien

Silbernitrat, 25%ige Lösung.
Kaliumcyanid, 20%ige Lösung.

Ausführung

Zu einem Tropfen der Lösung fügt man zwei Tropfen Cyanid und einen Tropfen Silbernitrat und rührt um.

Empfindlichkeit

Grenzkonzentration: 10 μg/ml.

Störungen

In Gegenwart von Cyanid ist die Reaktion spezifisch. Cl^-, Br^-, J^- stören nicht bis zu Konzentrationen von 10 μg/ml. Falls viel Tiosulfat zugegen ist, kann ein gelber Niederschlag von Silberthiosulfat auftreten, der sich langsam schwarz verfärbt.

Bemerkung

Im alkalischen Bereich werden die Sulfide durch $S_2O_8^{2-}$, $[Fe(CN)_6]^{3-}$ JO_3^-, H_2O_2, MnO_4^-, ClO^-, und BrO^- oxydiert. *Man braucht daher bei Anwesenheit von Sulfid nicht auf diese Stoffe zu prüfen.*

Abtrennung der Sulfide

Falls man Sulfid gefunden hat, muß man es in einem Teil der Lösung abtrennen, um auf NO_2^-, $S_2O_3^{2-}$, SO_4^{2-} usw. prüfen zu können. Man fällt dann das Sulfid in 1 ml der Lösung als Cadmiumsulfid.

Reagenz

Cadmiumacetat $Cd(CH_3COO)_2 \cdot 2H_2O$, 20%ige Lösung.

Ausführung

Zu 1 ml neutraler oder schwach saurer Untersuchungslösung fügt man 1 ml Cadmiumsalz und 0,5 ml Essigsäure und beläßt 2 Minuten auf dem Wasserbad. Es fallen Niederschläge von S^{2-} (50 μg/ml), $[Fe(CN)_6]^{3-}$ (50 μg/ml) und $[Fe(CN)_6]^{4-}$ (50 μg/ml).

2. Jod-Azid-Reaktion

Reaktion

Sulfid-Schwefel (sowohl in festen Proben als auch in Lösung) induziert die Reaktion zwischen Azid und Jod: die braune Reagenzlösung wird entfärbt, und Gasblasen von Stickstoff steigen auf.

Reagenz

3 g Natriumazid in 100 ml 0,1N Jodlösung (1,3 g Jod und 4 g KJ in 100 ml Wasser).

Ausführung

Zu einem Tropfen Reagenzlösung wird in einem Spitzröhrchen ein Tropfen Probelösung (oder etwas feste Substanz) hinzugegeben. Entfärbung und Gasentwicklung (Lupe) zeigen Sulfid-Schwefel an.

Empfindlichkeit

Grenzkonzentration: 6 μg/ml.

Störungen

Thiosulfat und Thiocyanat (und gegebenenfalls organische Schwefelverbindungen) geben dieselbe Reaktion. Bei Abwesenheit von Sulfid kann man den Versuch daher zum Nachweis von Thiosulfat oder von Thiocyanat verwenden.

HYPOCHLORIT (ClO^-)

Die Untersuchungslösung ist alkalisch

Prüfung auf Oxidationsvermögen

Reaktion

Man benutzt Indigocarmin als Redoxindikator. Dieses wird durch Hypochlorit entfärbt.

Reagenz

Indigocarminlösung, 25 mg/l,
festes Natriumhydrogencarbonat.

Ausführung

Zu zwei Tropfen der Lösung gibt man ein wenig Hydrogencarbonat (bis zur Sättigung der Lösung) und einen Tropfen Indigocarmin und wartet 15 Sekunden.

Empfindlichkeit

Grenzkonzentration: 200 μg/ml.

Störungen

Hypobromit gibt dieselbe Reaktion.

Bemerkung

Im alkalischen Medium werden Hypochlorite durch S^{2-}, $S_2O_3^{2-}$, $[Fe(CN)_6]^{4-}$, SO_3^{2-}, SCN^-, AsO_2^-, $C_2O_4^{2-}$, NO_2^- und H_2O_2 reduziert.

Falls man Hypochlorit gefunden hat, braucht man auf diese Ionen nicht zu prüfen.

NITRIT (NO_2^-)

Die Lösung kann schwach sauer, neutral oder alkalisch sein

GRIESS'sches Reagenz

Reaktion

Salpetrige Säure reagiert mit einer Mischung von Sulfanilsäure und α-Naphthylamin unter Bildung eines roten Azofarbstoffes.

Reagenzien

0,1 g α-Naphthylamin werden in 75 ml Wasser und 30 ml Eisessig gelöst.

0,5 g Sulfanilsäure werden in 70 ml Wasser und 30 ml Eisessig gelöst.

Zum Versuch werden beide Lösungen gemischt.

Ausführung

Zu vier Tropfen des Reagenzes gibt man einen Tropfen der aufs etwa 10fache verdünnten Untersuchungslösung.

Empfindlichkeit

Grenzkonzentration: 0,5 μg/ml (bezogen auf die verdünnte Lösung).

Störungen

Die Sulfide stören und werden mittels Cadmiumacetat (s. S. 85) abgetrennt. Cr (VI) gibt langsam eine dunkelgrüne Färbung. Sulfit und Thiosulfat vermindern die Empfindlichkeit.

Bemerkung

Im alkalischen Medium sind einzig die Hypohalogenite in Gegenwart von Nitrit nicht beständig. Sobald man im essigsauren Medium arbeitet, können weitere Reaktionen eintreten: so können Jodide unter Freiwerden von Jod oxydiert werden.

SULFIT (SO_3^{2-})

Die Lösung ist schwach sauer, neutral oder alkalisch

Entfärbung von Fuchsin

Reaktion

Fuchsin wird von Sulfid beim pH 7 entfärbt.

Reagenzien

Pufferlösung vom pH 7: 10 g Kaliumdihydrogenphosphat und 10 g Dikaliumhydrogenphosphat werden in 100 ml Wasser gelöst.

Lösung von Säurefuchsin, 0,1% in Wasser.

Ausführung

Zu einem Tropfen der Lösung gibt man vier Tropfen Pufferlösung und einen Tropfen Säurefuchsin. Bei geringen Konzentrationen wartet man 15—30 Sekunden.

Empfindlichkeit

Grenzkonzentration: 100 μg/ml.

Störungen

Nur Sulfid gibt dieselbe Reaktion. Man kann es vorher mittels Cadmiumacetat abtrennen (s. S. 85). Sulfidlösungen enthalten jedoch stets etwas Sulfit infolge Oxidation durch Luftsauerstoff.

Bemerkung

Im alkalischen Bereich werden Sulfite durch MnO_4^-, H_2O_2 und langsam auch durch $[Fe(CN)_6]^{3-}$ oxidiert.

THIOSULFAT ($S_2O_3^{2-}$)

Die Untersuchungslösung ist schwach sauer, neutral oder alkalisch

1. Reduktionsvermögen

Reaktion

Thiosulfate entfärben Jod-Jodkalium-Stärkelösung. Bei pH 7 vermeidet man die Oxidation des Thiosulfats durch zahlreiche andere Oxidationsmittel, die neben Thiosulfat vorhanden sein könnten. In Gegenwart von Formaldehyd stören Sulfite und Cyanide nicht.

Reagenzien

Pufferlösung vom pH 7: 10 g KH_2PO_4 und 10 g K_2HPO_4 in 100 ml Wasser.

Jod-Jodkalium-Stärkelösung: Zu 2 ml einer 0,1 N Jodlösung (1,3 g Jod und 4 g KJ in 100 ml Wasser) fügt man 100 ml 2%ige Stärkelösung und verdünnt auf 500 ml.

Formaldehyd, 35%.

Ausführung

Zu einem Tropfen Lösung fügt man 4 Tropfen Pufferlösung, 2 Tropfen Formaldehyd und 1 Tropfen Reagenz. Sofortige Entfärbung zeigt Thiosulfat an.

Empfindlichkeit

Grenzkonzentration: 30 μg/ml.

Störungen

Sulfit stört unter diesen Bedingungen nicht bis zu 10 g/l, die Entfärbung des Reagenzes tritt dann in einer Minute ein.

Sulfide und Hexacyanoferrate (II) stören und sind als Cadmiumsalze (S. 85) abzutrennen. Es stören dann nur noch As(III) und SCN^-. Man benutzt in diesem Falle die Reaktion 2.

Bemerkung

Im schwach sauren Medium wird Thiosulfat oxidiert durch
BrO_3^-, JO_3^-, JO_4^-, NO_2^-, MnO_4^-, H_2O_2,
die Hypohalogenite und $[Fe(CN)_6]^{3-}$.

Im alkalischen Bereich wird Thiosulfat nur durch MnO_4^- und die Hypohalogenite oxidiert, sowie durch Peroxodisulfat in der Wärme.

2. Fällung als Silbersulfid

Reaktion

In Gegenwart von Ag (I) gibt Thiosulfat über gelbe und orange Zwischenstufen in der Wärme schließlich einen schwarzen Niederschlag von Silbersulfid. Durch Zufügen von Cyanid lösen sich alle anderen Silbersalze auf, allerdings ist das Silbersulfid unter diesen Bedingungen bisweilen schlecht zu erkennen.

Reagenzien

25%ige Silbernitratlösung.
20%ige Kaliumcyanidlösung.

Ausführung

Zu zwei Tropfen der Lösung fügt man einen Tropfen Silbernitrat und erwärmt 30 Sekunden im Wasserbad. Man zentrifugiert und fügt gegebenenfalls zwei Tropfen Cyanid hinzu.

Empfindlichkeit

Grenzkonzentration: 30 μg/ml.

Störung

Sulfid gibt dieselbe Reaktion. $[Fe(CN)_6]^{4-}$ stört durch eine dunkle Trübung. Sie lassen sich beide als Cadmiumsalze (S. 85) abtrennen.
Nach Abtrennung des Sulfids kann Thiosulfat auch durch die Jod-Azid-Reaktion, S. 86 nachgewiesen werden. Doch muß Thiocyanat, s. S. 93, dann abwesend sein.

SULFAT (SO_4^{2-})

Die Untersuchungslösung kann sauer, neutral oder alkalisch sein

Fällung als Bariumsulfat

Reaktion

Man fällt im sauren Medium das Sulfat als Bariumsulfat.

Reagenzien

4N Salzsäure ($^1/_3$)
$BaCl_2 \cdot 2\,H_2O$ als 10%ige Lösung.

Ausführung

Zu zwei Tropfen der Lösung fügt man 2 Tropfen 4N Salzsäure und beläßt eine Minute im Wasserbad. Man zentrifugiert, falls notwendig. Zu der klaren Lösung gibt man einen Tropfen Bariumchlorid und wartet eine Minute.

Empfindlichkeit

Grenzkonzentration: 100 μg/ml.

Störungen

Bariumselenat und Bariumhexafluorosilicat fallen unter denselben Bedingungen aus. Die Fällung des Fluorosilicats ist allerdings wenig empfindlich, 10000 μg/ml, nach 5 Minuten.

Bemerkung

Falls die Lösung schwach sauer, neutral oder alkalisch ist, können Sulfide, Sulfite und Thiosulfate durch zahlreiche Oxidationsmittel zu Sulfat oxidiert werden, sobald im Verlauf des Versuches angesäuert wird, und zwar:

S^{2-} durch NO_2^-, Cr (VI), ClO_3^-, BrO_3^-,
$S_2O_3^{2-}$ durch NO_2^-, JO_3^-, BrO_3^-, ClO_3^-, Cr (VI), H_2O_2, JO_4^-.
SO_3^{2-} durch JO_3^-, JO_4^-, BrO_3^-, Hypohalogenite, NO_2^-, Cr(VI) und ClO_3^- in der Wärme.

Polysulfide scheiden beim Ansäuren Schwefel ab. Sie werden bei der Abtrennung des Sulfids als Cadmiumsalz gleichzeitig entfernt. Sulfite und Thiosulfate werden durch das Ansäuren zerstört. $S_2O_8^{2-}$ gibt in der Wärme SO_4^{2-}.

CYANID (CN^-)

Die Lösung ist alkalisch

Bildung eines Cyanokupfer(I)-komplexes

Reaktion

Schwarzes Kupfersulfid löst sich in Gegenwart von Cyanid und ergibt dabei einen sehr stabilen Cyanokupfer(I)-komplex.

Reagenz

Kupfersulfat, 0,1%ige Lösung.

0,01 M Ammonsulfidlösung, erhalten durch Sättigen von 50 ml konz. Ammoniak mit H_2S und Verdünnen auf 500 ml.

Ausführung

Zu einem Tropfen Kupfersulfat fügt man 1 Tropfen Ammonsulfid. Die Lösung wird nun bräunlich-schwarz. Man gibt zwei Tropfen der Untersuchungslösung hinzu. Bei Anwesenheit von Cyanid tritt Entfärbung ein.

Empfindlichkeit

Grenzkonzentration: 200 μg/ml.

Störungen

Die Reaktion ist spezifisch. Eine große Konzentration an Sulfid verzögert die Auflösung des Kupfersulfids. Sehr stabile Cyanokomplexe geben diese Reaktion nicht.

THIOCYANAT (SCN^-)

Die Lösung kann sauer, neutral oder alkalisch sein

Eisenthiocyanatokomplex

Reaktion

Man läßt in saurer Lösung das rote $Fe(SCN)_3$ entstehen.

Reagenzien

Eisen(III)-chloridlösung: 25 g $FeCl_3 \cdot 6\ H_2O$/l.
2N Salzsäure ($^1/_6$).

Ausführung

Zu einem Tropfen der salzsauren Lösung gibt man einen Tropfen Eisen(III)-chlorid.

Empfindlichkeit

Grenzkonzentration: 10 μg/ml.

Störungen

Ionen, welche mit Fe(III) stabile Komplexe bilden, z. B. $C_2O_4^{2-}$ F^- usw. erfordern einen Überschuß an Reagenz, ebenso Reduktionsmittel, die Fe(III) zu Fe(II) reduzieren könnten. S^{2-}, $S_2O_3^{2-}$ und CN^- werden vorher aus saurer Lösung im Wasserbade vertrieben.

Starke Oxidationsmittel, wie etwa BrO_3^-, können SCN^- im sauren Medium langsam oxidieren, was sich durch langsame Entfärbung bemerkbar macht.

Iodide vermindern die Empfindlichkeit, da sie durch Fe (III) zu Jod oxidiert werden.

Nachweis in Gegenwart von Jodid oder Chromat

Man reduziert das gebildete freie Jod sowie Cr (VI) durch Sulfit. Zu einem Tropfen der Lösung gibt man einige Kristalle Natriumsulfit, dann zwei Tropfen 2N HCl und schließlich einen Tropfen Eisen(III)-chlorid.

Komplexe Eisencyanide stören, da $[Fe(CN)_6]^{3-}$ eine Braunfärbung und $[Fe(CN)_6]^{4-}$ eine Blaufärbung (Berliner Blau) hervorruft. Man trennt sie als Cadmiumsalze (s. S. 101) ab.

Bei Abwesenheit von Sulfid und Thiosulfat kann Thiocyanat auch durch die Jod-Azid-Reaktion, S. 86, nachgewiesen werden.

Bemerkung

Im sauren Medium wird SCN^- außer den schon erwähnten Oxidationsmitteln auch noch durch
NO_2^-, H_2O_2, JO_3^-, JO_4^-,
Hypohalogenite, Cr(VI) und Mn(VII) oxidiert.

BROMAT (BrO_3^-)

Die Lösung ist sauer, neutral oder alkalisch

Methylorange

Reaktion

In 2N salzsaurem Medium wird Methylorange durch Bromat entfärbt.

Reagenzien

Wäßrige Lösung von Methylorange, 0,004%ig,
4N Salzsäure (1/3).

Ausführung

Zu einem Tropfen der neutralen oder schwach sauren Versuchslösung gibt man einen Tropfen Methylorange und zwei Tropfen Säure und wartet 30 Sekunden.

Empfindlichkeit

Grenzkonzentration: 30 μg/ml

Störungen

Gewisse Oxidationsmittel geben dieselbe Reaktion:
NO_2^-, MnO_4^-, $JO_3^- + Br^-$, $JO_4^- + Br^-$ und ClO^-.

Bemerkung

Im sauren Medium wird das Bromat durch einige Reduktionsmittel, die im alkalischen neben Bromat existieren können, reduziert:
As (III), J^-, SCN^-, $S_2O_3^{2-}$, Cl^-, Br^-, $[Fe(CN)_6]^{4-}$ und S^{2-}.

Beseitigung der Reduktionsmittel: Man oxidiert im alkalischen Bereich mit Permanganat. Der Überschuß wird durch H_2O_2 zerstört.

Reagenzien

1N Natronlauge ($^1/_{10}$)
Kaliumpermanganat, 2%ig.
H_2O_2, 20%ig.

Ausführung

Zu einem Tropfen der neutralen oder alkalischen Lösung fügt man einen Tropfen Natronlauge und einen Überschuß an Permanganat und beläßt 30 Sekunden im Wasserbad. Dann gibt man drei Tropfen Wasserstoffperoxid hinzu und läßt nochmals 30 Sekunden in der Wärme. Die Permanganatfarbe verschwindet. Zu fünf Tropfen dieser Lösung fügt man nun einen Tropfen Methylorange und sechs Tropfen Säure.

Empfindlichkeit

Grenzkonzentration: 50 μg/ml.

Bemerkung

Falls *Sulfid* das einzige störende Reduktionsmittel ist, kann es — und evtl. im gleichen Arbeitsgang die *komplexen Eisencyanide* — als Cadmiumsalz abgetrennt werden (S. 85).

Störendes *Jodid* kann durch Zugabe von einem Tropfen Kaliumjodatlösung und zwei Tropfen HCl unschädlich gemacht werden. *Nitrite* lassen sich durch Natriumazid entfernen.

Zu einem Tropfen der Lösung fügt man in diesem Fall einen Tropfen einer 5%igen Natriumazidlösung, einen Tropfen Methylorange und einen Tropfen 4N HCl.

CHLORAT (ClO_3^-)

Die Lösung kann sauer, neutral oder alkalisch sein

Fällung als Silberchlorid

Reaktion

Nach Abtrennung derjenigen Ionen, die im sauren Medium schwerlösliche Silbersalze bilden, reduziert man das Chlorat und fällt es als Silberchlorid.

Reagenzien

4N Salpetersäure ($^1/_3$).
25%ige Silbernitratlösung.
Festes Kaliumnitrit.

Ausführung

Zu zwei Tropfen der neutralisierten Lösung fügt man einen Tropfen 4N Salpetersäure, zwei Tropfen Silbernitrat und zentrifugiert, falls erforderlich. Man gibt jetzt einige Körnchen festes Nitrit hinzu und beobachtet, ob sich ein Niederschlag von weißem Silberchlorid bildet.

Empfindlichkeit

Grenzkonzentration: 50 µg/ml.

Störungen

Bromate können stören, da Silberbromat relativ löslich ist. Hypochlorit stört. Man kann es durch As (III) in saurem Medium in der Wärme vor Ausfällung der Silbersalze reduzieren. Andernfalls entsteht bei der Zugabe von Silbernitrat aus dem Hypochlorit durch Disproportionierung Chlorat. In der Praxis ist Hypochlorit allerdings meist von Chlorat begleitet.

Bemerkung

Die meisten Reduktionsmittel, welche neben Chlorat im schwach sauren, neutralen oder alkalischen Medium existieren können, reduzieren dasselbe, sobald die Lösung angesäuert wird, so z. B. J^-, Br^-, Cl^-, (langsam) und NO_2^-.

FLUORID (F^-), OXALAT ($C_2O_4^{2-}$)

Die Lösung kann sauer, neutral oder alkalisch sein

Zirconium (IV)-komplexe

Reaktion

Zirconium(IV)-salze geben mit Alizarin S Rotfärbung. In Gegenwart von F^- oder $C_2O_4^{2-}$ verschwindet die Färbung infolge von Bildung stabiler Komplexe mit dem Zirconium-(IV).

Reagenzien

1. Lösung von 0,05 g Zirconiumoxidnitrat in 50 ml 12N Salzsäure.

2. Lösung von 0,05 g Alizarin S in 50 ml Wasser.

Gleiche Teile von 1. und 2. bei Versuchsbeginn mischen.

Ausführung

Zu einem Tropfen der Reagenzlösung fügt man einen Tropfen der Untersuchungslösung, welche 4N an Salzsäure sein soll. Es tritt Entfärbung ein. Die Endfarbe ist gelb (Eigenfarbe des Alizarin S in saurer Lösung).

Empfindlichkeit

F^-, Grenzkonzentration: 20 μg/ml,

$C_2O_4^{2-}$, Grenzkonzentration: 25 μg/ml.

Störungen

1. Die Untersuchungslösung muß genügend sauer sein, um die Fällung von Zirconiumoxidhydrat zu vermeiden.

2. Einige Oxidationsmittel wie ClO_3^-, BrO_3^-, JO_3^-, $Cr_2O_7^{2-}$, AsO_4^{3-}, ClO^- und auch konz. HNO_3 können den Farbstoff zerstören. Man entfernt sie vor Beginn des Versuches durch Zugabe von Nitrit, wobei gleichzeitig Sulfite, welche den Farbstoff langsam entfärben könnten, oxidiert werden.

Reagenzien

10%ige Kaliumnitritlösung.
4N Salzsäure ($^1/_3$).

Abgewandelte Ausführung

Zu einem Tropfen der neutralen Lösung fügt man einen Tropfen Säure, 1 Tropfen Nitrit und läßt eine Minute auf dem Wasserbad stehen. Dann arbeitet man, wie oben angegeben.

3. Auch große Mengen an Sulfat stören die Reaktion. Man trennt sie als Bariumsulfat durch Zugabe von 2 Tropfen 10%iger Bariumchloridlösung zu einem Tropfen der sauren Untersuchungslösung ab. Zentrifugieren!

Empfindlichkeit

Grenzkonzentration: 50 μg/ml.

4. Phosphat und Arsenat im Überschuß stören, da sie mit Zirconium (IV) schwerlösliche Niederschläge geben.

Nachweis von Fluorid

Falls obige Reaktion negativ ist, sind Fluorid und Oxalat abwesend.

Bei positivem Ausfall wiederholt man den Versuch, nachdem man die Oxalate im salzsauren oder perchlorsauren Medium durch Permanganat in der Wärme oxidiert hat. Der Überschuß an Permanganat wird durch Nitrit entfernt.

Falls die Reaktion auch jetzt positiv verläuft, ist Fluorid anwesend.

Störungen

keine.

Nachweis von Oxalat

Falls der soeben beschriebene Fluoridnachweis negativ ist, jedoch der Ausgangsversuch positiv verläuft, ist die Anwesenheit von Oxalat bewiesen.

Falls der Fluoridnachweis positiv ausfiel, muß auf Oxalat noch geprüft werden, da dann sowohl Oxalat als auch Fluorid vorhanden sein können.

Reaktion

Oxalat ist vorhanden, wenn folgende zwei Reaktionen positiv verlaufen. 1. Ausfällung von in Essigsäure schwer löslichem CaC_2O_4 und 2. Entfärbung von Permanganat in verd. schwefelsaurem Medium in der Wärme.

Reagenzien

10%ige Lösung von $CaCl_2 \cdot 2\,H_2O$,
0,02%ige $KMnO_4$-Lösung,

9N Schwefelsäure (1/4),
Pufferlösung: 56 g Natriumacetat in 25 ml Essigsäure lösen, auf 100 auffüllen.

Ausführung

Zu fünf Tropfen Lösung gibt man zwei Tropfen Pufferlösung und einen Tropfen Calciumchlorid. Man läßt eine Minute auf dem Wasserbad, zentrifugiert und wäscht dreimal mit drei Tropfen Wasser.

Der Niederschlag wird mit einem Tropfen Schwefelsäure aufgenommen und mit einem Tropfen Permanganat versetzt und gelinde erwärmt.

Empfindlichkeit

Grenzkonzentration: ungefähr 50 μg/ml.

Störungen

keine.

HEXACYANOFERRAT (II) $[Fe(CN)_6]^{4-}$

Die Lösung kann sauer, neutral oder alkalisch sein

Berliner Blau

Reaktion

Hexacyanoferrat(II) gibt mit Eisen(III)-salz in saurem Medium blaues Eisen(III)-hexacyanoferrat(II), Berliner Blau.

Reagenz

Eisen(III)-chloridlösung, 25 g $FeCl_3 \cdot 6H_2O$/l.

Ausführung

Zu einem Tropfen der angesäuerten Lösung gibt man einen Tropfen des Reagenzes. Es bildet sich eine blaue Färbung bzw. ein blauer Niederschlag.

Empfindlichkeit

Grenzkonzentration: 40 μg/ml.

Störungen

Reduktionsmittel, die das Eisen(III)-Reagenz reduzieren, können stören. Man gibt dann einen Reagenzüberschuß hinzu. Allerdings reagieren die gebildeten Eisen(II)-ionen mit evtl. vorhandenem Hexacyanoferrat (III) gleichfalls unter Blaufärbung.

S^{2-}, $S_2O_3^{2-}$, SO_3^{2-} und J^- können vor Versuchsbeginn durch Erhitzen im sauren Medium vertrieben werden.

Ionen, wie z. B. Oxalat und Fluorid, die mit Fe (III) stabile Komplexe bilden, erfordern einen Reagenzüberschuß.

Viel SCN^- stört. Das durch seine Farbe störende Eisenthiocyanat läßt sich jedoch durch Extraktion entfernen.

Bemerkung

Einige Oxidationsmittel, die im alkalischen Medium neben Hexacyanaoferrat (II) beständig sind, oxidieren es zum Hexacyanoferrat (III), sobald die Lösung sauer wird. So z. B.: H_2O_2, JO_3^-, JO_4^-, BrO_3^-, Cr(VI), ClO^-, BrO^- und NO_2^-. In diesem Fall muß man das Hexacyanoferrat (II) vor Versuchsbeginn abtrennen, wobei man gleichzeitig die Störung durch SO_3^{2-}, SCN^- usw. ausschaltet.

Abtrennung als Cadmiumhexacyanoferrat (II)

Man arbeitet in gepufferter Lösung beim p_H 7

Reagenzien

20%ige Lösung von $Cd(CH_3COO)_2 \cdot 2H_2O$.
Pufferlösung: 10 g KH_2PO_4+ 10 g K_2HPO_4
in 100 ml Wasser.
4N Salzsäure ($^1/_3$).

Ausführung

Zu zwei Tropfen der neutralen oder schwach alkalischen Lösung gibt man zwei Tropfen Cadmiumacetat, zwei Tropfen Pufferlösung und läßt 15—30 Sek. auf dem Wasserbad. (Auch bei Abwesenheit von $[Fe(CN)_6]^{4-}$ entsteht ein weißer Niederschlag von gebildetem Cadmiumphosphat.) Man zentrifugiert und wäscht den Niederschlag zweimal mit 10 Tropfen Wasser. Dann löst man in 3 Tropfen Salzsäure in der Wärme, kühlt ab und führt obige Nachweisreaktion aus.

Störungen

Nach Abtrennung als Cadmiumsalz stört nur noch Chromat, da es sich ebenfalls im Niederschlag befindet.

HEXACYANOFERRAT (III) $[Fe(CN)_6]^{3-}$

Die Lösung kann sauer, neutral oder alkalisch sein

Berliner Blau

Reaktion

Durch Zugabe von Eisen(II)-salz zu Hexacyanoferrat (III) bildet sich ein blaues Komplexsalz, Berliner Blau.

Reagenz

5%ige Lösung von $FeSO_4 \cdot 7\,H_2O$ in 4N Schwefelsäure ($^1/_{40}$).

Ausführung

Zu einem Tropfen der angesäuerten Lösung gibt man einen Tropfen Reagenz. Ein blauer Niederschlag bzw. eine blaue Färbung zeigt Hexacyanoferrat (III) an.

Empfindlichkeit

Grenzkonzentration: 20 μg/ml.

Störungen

Hexacyanoferrat(II) stört, da es mit Eisen(III)-spuren, die im Reagenz vorhanden sein können, unter Blaufärbung reagiert.

Man trennt es als Bleisalz ab. Dadurch vermeidet man auch, daß eventuell vorhandene Oxidationsmittel das Hexacyanoferrat(II) zum Ferrat(III) oxidieren, sobald die Lösung sauer wird. Reduktionsmittel, wie z. B. $S_2O_3^{2-}$ können Hexacyanoferrat(III) reduzieren, sobald die Lösung sauer wird.

Vor Beginn des Versuches, nach Abtrennung des Hexacyanoferrates(II), muß man diese oxidieren,

Abtrennung des Hexacyanoferrats (II)

Reagenzien

10%ige Bleiacetatlösung,
konzentrierte Essigsäure.

Ausführung

Zu drei Tropfen der neutralen oder schwach sauren Lösung gibt man zwei Tropfen Bleiacetat und einen Tropfen konzentrierte Essigsäure. Man läßt 15 Sekunden im Wasserbad und zentrifugiert. Es entstehen Niederschläge von S^{2-} (10 μg/ml), $[Fe(CN)_6]^{4-}$ (50 μg), SO_4^{2-} (150 μg), JO_3^- (500 μg) und J^- (1500 μg).

Man säuert die Lösung an und führt den Nachweis für Hexacyanoferrat(III) durch.

Beseitigung der Reduktionsmittel

Reagenzien

2%ige Permanganatlösung.
10%ige Lösung von Eisen(II)-sulfat in 1N Schwefelsäure ($^1/_{40}$).

Ausführung

Zu der sauren Untersuchungslösung, die von Hexacyanoferrat (II) befreit ist, fügt man Permanganat bis zur bleibenden Violettfärbung. Dann gibt man Eisen(II)-salz bis zur Entfärbung der Lösung hinzu.

Bemerkung

Im alkalischen Medium werden Hexacyanoferrate(III) von S^{2-}, SO_3^{2-} (langsam) und H_2O_2 reduziert. Im sauren Medium von $S_2O_3^{2-}$ und J^-.

Falls man Hexacyanoferrate (II) oder (III) gefunden hat, müssen sie als Cadmiumsalze (s. S. 101) abgetrennt werden für den Nachweis von: Phosphat, Silicat und evtl. von Peroxodisulfat. (Bei letzterem stört nur Hexacyanoferrat [III]).

SILICAT

Die Lösung kann nur alkalisch sein. Kolloide Kieselsäuren können auch im sauren Medium vorhanden sein

Molybdatokieselsäure

Reaktion

Das Silicium wird als gelbe Molybdatokieselsäure nachgewiesen.

Reagenzien

9N Schwefelsäure ($^1/_4$).
10%ige Ammonmolybdatlösung.
Äthylacetat.

Ausführung

Zu zwei Tropfen der nicht zu alkalischen Untersuchungslösung gibt man einen Tropfen Molybdat und zwei Tropfen Schwefelsäure. Man schüttelt mit drei oder vier Tropfen Äthylacetat durch.

Empfindlichkeit

Grenzkonzentration: 20 μg/ml.

Störungen

Bei Anwesenheit von Reduktionsmitteln arbeitet man mit einem Überschuß an Peroxodisulfat. Hexacyanoferrate können Niederschläge geben und werden daher vor Versuchsbeginn als Cadmiumsalz abgetrennt (S. 101).

Phosphate und Arsenate stören durch Bildung gelber Niederschläge. Sie müssen abgetrennt werden.

Fluoride werden durch einen großen Überschuß an Borsäure unschädlich gemacht.

Nachweis in Gegenwart von Phosphat

Zu einem Tropfen der Lösung fügt man drei Tropfen Molybdat. Dann gibt man einen Tropfen Schwefelsäure (1/4) hinzu und läßt 30 Sekunden auf dem Wasserbad. Zur klaren Lösung werden 5 Tropfen Schwefelsäure gegeben und mit Äthylalkohol extrahiert.

HEXAFLUOROSILICAT (SiF_6^{2-})

Die Lösung kann sauer oder alkalisch sein. Im schwach alkalischen oder neutralen Gebiet fällt Kieselsäure aus

Man weist das Fluorid mit Hilfe des Zirconium-Alizarin-Reagenzes nach (S. 00).

Empfindlichkeit

Erfassungsgrenze: 30 μg/ml.

Das zugehörige Silicat findet man nach Komplexierung des Fluorids durch Borsäure mit Hilfe des Molybdatreagenzes (S. 104).

Empfindlichkeit

Grenzkonzentration: 100 μg/ml.

PEROXODISULFAT ($S_2O_8^{2-}$)

Die Lösung kann sauer, neutral oder alkalisch sein

Oxidationsvermögen

Reaktion

Der Redoxindikator Benzidin wird durch Peroxodisulfat zum Benzidinblau oxidiert.

Reagenzien

Lösung von 1 g Benzidin in 10 ml Eisessig, 40 ml Wasser hinzugeben.
Festes Natriumacetat.

Ausführung

Zu zwei Tropfen der Reagenzlösung fügt man einen Überschuß an Natriumacetat und dann zwei Tropfen der Untersuchungslösung.

Empfindlichkeit

Grenzkonzentration: 10 μg/ml.

Störungen

Oxidationsmittel, wie z. B. Permanganat, Chromat, Hexacyanoferrat(III), Perjodat und die Hypohalogenite geben dieselbe Reaktion.

Abtrennung des Chromats

Reagenzien

10%ige Lösung von $BaCl_2 \cdot 2\,H_2O$.
Ammoniumacetat, 300 g/l.

Ausführung

Zu zwei Tropfen der Lösung fügt man in einem Spitzröhrchen vier Tropfen Ammoniumacetat und zwei Tropfen Bariumchlorid und zentrifugiert.

Hexacyanoferrat(III) kann als Cadmiumsalz abgetrennt werden (S. 83).

Bemerkung

Im neutralen Medium werden Peroxodisulfate von Sulfiden, im sauren von Jodiden und Bromiden reduziert.

JODID (I^-)

Die Lösung kann sauer, neutral oder alkalisch sein

Oxidation zum elementaren Jod

Reaktion

Durch Nitrit wird Jodid in essigsaurem Medium selektiv zum Jod oxidiert. Es läßt sich in Tetrachlorkohlenstoff mit violetter Farbe ausschütteln.

Reagenzien

Essigsäure.
festes Natriumnitrit.
Tetrachlorkohlenstoff.

Ausführung

Zu drei Tropfen der neutralen Lösung werden 2 Tropfen Essigsäure und etwas festes Nitrit gegeben. Man schüttelt mit 3 Tropfen Tetrachlorkohlenstoff durch.

Empfindlichkeit

Grenzkonzentration: 30 μg/ml.

Störungen

Cyanide und Thiocyanate stören die Reaktion. Die Cyanide können durch vorherige Zugabe von Formaldehyd unschädlich gemacht werden.
Bei Anwesenheit von Reduktionsmitteln muß man einen Überschuß an Nitrit hinzugeben.

Bemerkung

Im sauren Medium werden Jodide durch
ClO_3^-, BrO_3^-, JO_3^-, JO_4^-, $[Fe(CN)_6]^{3-}$, $S_2O_8^{2-}$ und H_2O_2
oxidiert.

BROMID (Br^-)

Die Lösung kann sauer, neutral oder alkalisch sein

Bildung von Eosin

Reaktion

Durch Oxidation von Bromid wird freies Brom gebildet, welches mit Fluorescein zu Eosin, dem rosaroten Tetrabromfluorescein reagiert.

Reagenzien

Essigsäure.
2%ige alkoholische Lösung von Fluorescein.
Festes Kaliumpermanganat.

Ausführung

Zu drei Tropfen der neutralen Lösung fügt man drei Tropfen Essigsäure und einige Tropfen Permanganat. Man erhitzt 2 Minuten auf dem Wasserbad, wobei man die Öffnung des Reagenzröhrchens mit einem Filterpapier bedeckt, welches mit Fluorescein getränkt ist und etwas feucht sein soll. Dann legt man das Papier zum Trocknen auf das geschlossene Wasserbad. Bei Anwesenheit von Brom erscheint eine leichte Rosafärbung.

Empfindlickeit

Grenzkonzentration: 30 μg/ml.

Störungen

Jodide geben ebenfalls eine Rosafärbung. Cyanide und Thiocyanate verhindern die Reaktion.

Nachweis in Gegenwart von Cyanid und Jodid

Reaktion

Cyanwasserstoffsäure wird im essigsauren, acetatgepufferten Medium vertrieben, J^- wird im gleichen p_H-Bereich durch Jodat zu elementarem Jod oxidiert.

Reagenzien

Pufferlösung: 56 g Natriumacetat.
25 ml Eisessig.
75 ml Wasser.

2%ige o-Toluidinlösung in 6N Essigsäure (1/3).

Festes Kaliumjodat.

Ausführung

Zu 3 Tropfen der neutralen Lösung fügt man 2 Tropfen Pufferlösung und — bei Anwesenheit von Jodid — ein wenig festes Jodat. Man erhitzt auf dem Wasserbad und läßt einen Luftstrom hindurchperlen bis zur Entfärbung der Lösung, um HCN und J_2 zu vertreiben. Dann fügt man nochmals etwas Jodat hinzu und leitet solange Luft durch die Lösung, bis ein frisch imprägniertes o-Toluidinpapier keine Bläuung mehr zeigt. Nun weist man Bromid, wie oben angegeben, nach.

Bemerkung

Im sauren Bereich werden Bromide von BrO_3^-, JO_3^-, JO_4^-, MnO_4^- und $S_2O_8^{--}$ oxidiert.

CHLORID (Cl^-)

Die Lösung kann sauer, neutral oder alkalisch sein

1. Oxidationsvermögen des in Freiheit gesetzten Chlors

Reaktion

Man oxidiert das Chlorion und läßt das gebildete Chlor auf einen Redoxindikator, das o-Toluidin, einwirken.

Reagenzien

Festes Kaliumpermangat.

4N Schwefelsäure (1/9)

2%ige Lösung von o-Toluidin in 6N Essigsäure (1/3).

Ausführung

Zu zwei Tropfen der Lösung fügt man 5 Tropfen Schwefelsäure und einige Permanganatkristalle. Man erwärmt auf dem Wasserbad und verschließt das Reagenzröhrchen mit einem frisch imprägnierten o-Toluidinpapier. Bei Anwesenheit von Chlor bildet sich ein blauer Fleck.

Empfindlichkeit

Grenzkonzentration: 10 μg/ml.

Störungen

Nitrit, Bromid und Jodid geben dieselbe Reaktion. Cyanide und Thiocyanate können sie verhindern. Man kann Nitrit und Cyanid im sauren Medium in der Wärme vertreiben. Thiocyanat, Jodid und Bromid lassen sich durch Jodat im sauren Bereich oxidieren. Die Oxidationsprodukte sind in der Wärme flüchtig.

Reagenz

Festes Kaliumjodat.

Ausführung

Zu zwei Tropfen der Lösung fügt man 5 Tropfen 4N Schwefelsäure und ein wenig festes Kaliumjodat. Man erwärmt im Wasserbad unter gleichzeitigem Durchleiten eines Luftstromes.

Man wiederholt die Jodatzugabe und das Luftdurchblasen solange, bis ein frisch imprägniertes o-Toluidinpapier keine Blaufärbung mehr zeigt.

Danach wird auf Chloride geprüft.

Einige Oxidationsmittel, nämlich Peroxodisulfat, Bromat und Chlorat, können im alkalischen Bereich neben Chlorid existieren, oxidieren dasselbe jedoch, sobald die Lösung sauer wird. Sie lassen sich durch Jodid reduzieren, dessen Überschuß man im soeben beschriebenen Arbeitsgang zusammen mit den Bromiden beseitigen kann.

Reagenzien

10%ige Kaliumjodidlösung.
4N Schwefelsäure (1/9).
Festes Kaliumjodat.

Ausführung

Zu zwei Tropfen der Lösung fügt man 2 Tropfen Jodid und dann 5 Tropfen Schwefelsäure. Man vertreibt das Jod in der Wärme durch einen Luftstrom. Dann gibt man einen Überschuß an Jodat hinzu, vertreibt Jod und Brom und weist daraufhin das Chlor entsprechend der Vorschrift nach.

Störung

ClO_3^- gibt durch Reduktion Cl^-.

2. Anfärbnng des in Freiheit gesetzten Chlors mittels Diphenylamin

Reaktion

In Abwesenheit von NO_2^- und NO_3^- ist es vorteilhafter, das wie bei Versuch 1) in Freiheit gesetzte Chlor auf Diphenylamin einwirken zu lassen. Es bildet sich eine blau-grüne Färbung.

Reagenz

3%ige Lösung von Diphenylamin in Äthylacetat.

Ausführung

Man tränkt ein Filterpapier mit der Lösung von Diphenylamin in Äthylacetat und läßt das gebildete Chlor wie in Versuch 1) darauf einwirken. Eine Blaugrünfärbung zeigt Chlor an.
Der Versuch wird nur durch NO_2^- und NO_3^-, nicht aber durch die anderen Halogene gestört.

Empfindlichkeit

Grenzkonzentration: 10 μg/ml.

NITRAT (NO_3^-)

Die Lösung kann sauer, neutral oder alkalisch sein

Reduktion zum Nitrit

Reaktion

Man reduziert das Nitrat zum Nitrit und weist letzteres mit Hilfe des GRIESSschen Reagenzes nach (S. 87).

Reagenzien

9N Schwefelsäure ($^1/_4$).
20%iges Wasserstoffperoxid.
Zinkpulver.
GRIESSsches Reagenz (S. 87).

Ausführung

Man säuert 0,5 ml der Lösung, die kein Nitrit enthalten darf, mit Schwefelsäure an und fügt 1 ml Wasserstoffperoxid hinzu. Man vermeide einen Überschuß an Säure.

Man entnimmt der erhaltenen Lösung vier Tropfen, reduziert mit etwas Zinkpulver und prüft nun mit GRIESSschem Reagens auf Nitrit (S. 87).

Empfindlichkeit

Grenzkonzentration: 10 μg/ml.

Störungen

Große Mengen an Reduktionsmitteln, wie z. B. Sulfide, Sulfite und Thiosulfate stören. Man muß sie vorher oxidieren, was durch die Wasserstoffperoxidzugabe geschieht.

Nitrit muß vorher entfernt werden. Zu diesem Zweck gibt man zur neutralen oder schwach alkalischen Lösung 10%ige Natriumazidlösung und dann Essigsäure. Man erhitzt zum Sieden und wiederholt die Säurezugabe bis zum Ausbleiben weiterer Gasentwicklung. Man überzeugt sich durch Zugabe von GRIESSschem Reagens davon, daß die Lösung nitritfrei ist.

BORAT (BO_2^-)

Die Lösung kann sauer, neutral oder alkalisch sein

Chinalizarin

Reaktion

In konz. schwefelsaurer Lösung schlägt Chinalizarin in Gegenwart von Borat von rot nach blau um.

Reagenz

0,1%ige Lösung von Chinalinzarin in konz. Schwefelsäure.

Ausführung

Zu einem Tropfen der Lösung fügt man 15 Tropfen konz. Schwefelsäure und einen Tropfen des Reagenzes.

Empfindlichkeit

Grenzkonzentration: 20 μg/ml.

Störungen

Nur Germanium gibt dieselbe Reaktion. Fluoride bilden mit Bor stabile Komplexe. Sie stören die Reaktion.
Oxidationsmittel wie Jodate, Nitrite, Chlorate und Bromate zerstören den Farbstoff, Nitrate färben ihn blau.
Um die Oxidationsmittel zu zerstören, gibt man vor Ausführung des Versuches etwas festes Hydrazinsulfat hinzu.

WASSERSTOFFPEROXID (H_2O_2)

Die Lösung kann sauer, neutral oder alkalisch sein. Doch zersetzt sich das Wasserstoffperoxid mit zunehmender Alkalität der Lösung mehr und mehr

Reaktion mit Titan(IV)-salz

Reaktion

Wasserstoffperoxid gibt in saurer Lösung mit Titan(IV)-salzen eine Orangefärbung.

Reagenz

15%ige Lösung von $TiCl_4$ in 4N Schwefelsäure (1/9).

Ausführung

Zu zwei Tropfen der sauren Lösung fügt man 1 Tropfen Titansalzlösung.

Empfindlichkeit

Grenzkonzentration: 6 μg/ml.

Störungen

F^- und $C_2O_4^{2-}$ stören, da sie mit Titansalz stabile Komplexe bilden. In diesem Fall muß man einen Reagenzüberschuß hinzugeben.

Auch diejenigen Ionen, die mit Titansalz Niederschläge bilden, wie z. B. Phosphat und Arsenat, erfordern einen Reagenzüberschuß.

Bemerkung

Im sauren Medium wird H_2O_2 von Kaliumpermanganat oxidiert. Es wird von Thiocyanat, Jodid, Hexacyanoferrat(II) und von Thiosulfat reduziert.

CARBONAT (CO_3^{2-})

Die Lösung kann neutral oder alkalisch sein

Entwicklung von CO_2-Gas

Reaktion

Man versetzt mit einer starken Säure, erwärmt und fängt das freiwerdende Gas in Barytwasser auf. Es fällt Bariumcarbonat aus. CO_2-Überschuß löst den Niederschlag wieder auf.

Reagenzien

Gesättigte Lösung von Bariumhydroxid, $Ba(OH)_2 \cdot 8H_2O$.
9N Schwefelsäure (1/4).
20%iges Wasserstoffperoxid.
Permanganatlösung.

Ausführung

Man gibt drei Tropfen der Lösung in die Apparatur (Fig. 2, S. 5). Den inneren Einsatz befeuchtet man mit Barytwasser und fügt 2 Tropfen Schwefelsäure zu der Untersuchungslösung. Dann erwärmt man auf dem Wasserbad. Bei Anwesenheit von CO_2 entsteht ein weißer Niederschlag von Bariumcarbonat.

Störungen

Sulfite und Thiosulfate müssen vorher mit H_2O_2 oxidiert werden. Auch muß man prüfen, ob der gebildete Niederschlag nicht vom Sulfit herrührt, indem man ihn in Säure auflöst und einen Tropfen Permanganat hinzugibt.

PERCHLORAT (ClO_4^-)

Die Lösung kann sauer, neutral oder alkalisch sein

1. Reduktion auf trockenem Wege

Man trennt zunächst die schwerlöslichen Silbersalze durch Zugabe eines Überschusses an Silbernitrat ab.

Evtl. vorhandenes Hypochlorit wird durch As (III), Chlorat durch Nitrit (S. 96) reduziert.

Die klare Lösung wird alkalisch gemacht, zentrifugiert und mit etwas Mangan(II)-nitrat versetzt. Daraufhin dampft man zur Trockene und glüht. Perchlorat wird unter dem katalytischen Einfluß des gebildeten MnO_2 zersetzt. Man nimmt mit Wasser auf, säuert mit HNO_3 an, filtriert und fällt das gebildete Cl^- durch Silbernitrat.

2. Methylenblau

Reaktion

Methylenblau schlägt in Gegenwart von ClO_4^- nach violett um, wobei das Perchlorat der organischen Base als Niederschlag ausfällt. Die Reaktion ist in Gegenwart von Zinksalz empfindlicher.

Reagenzien

0,2 %ige wäßrige Methylenblaulösung.
Festes Zinksulfat.

Ausführung

Man nimmt 5 Tropfen der Untersuchungslösung, sättigt sie mit Zinksulfat, fügt einen Tropfen Methylenblau hinzu und wartet 2 bis 3 Minuten.

Empfindlichkeit

Grenzkonzentration: 100 μg/ml.

Störungen

Peroxodisulfate geben dieselbe Reaktion. Hexacyanoferrate(II) und (III) stören. Man muß sie als Cadmiumsalze abtrennen (S. 101). Energische Oxidationsmittel, wie Mn (VII) und Cr (VI) zerstören den Farbstoff; BrO_3^-, JO_3^-, JO_4^- und ClO_3^- können bei gleichzeitiger Anwesenheit von Br^-, J^-, und Cl^- infolge Bildung der freien Halogene stören. Man muß die Oxidationsmittel durch Zink reduzieren.

Reagenzien

9N Schwefelsäure (1/4).
Zinkpulver.

Ausführung

Zu fünf Tropfen der Lösung fügt man zwei Tropfen Schwefelsäure und etwas Zinkpulver. Man läßt eine Minute auf dem Wasserbade, trennt vom Zink ab und führt den angegebenen Versuch durch.

ALPHABETISCHES VERZEICHNIS DER KATIONEN UND ANIONEN